MZ세대를 위한 결혼 생활 베이직

MZ세대를 위한 결혼 생활 베이직

초 판 1쇄 2022년 04월 26일

지은이 서미숙
펴낸이 류종렬

펴낸곳 미다스북스
총괄실장 명상완
책임편집 이다경
책임진행 김가영, 신은서, 임종익, 박유진

등록 2001년 3월 21일 제2001-000040호
주소 서울시 마포구 양화로 133 서교타워 711호
전화 02) 322-7802~3
팩스 02) 6007-1845
블로그 http://blog.naver.com/midasbooks
전자주소 midasbooks@hanmail.net
페이스북 https://www.facebook.com/midasbooks425

ISBN 979-11-6910-015-1 03590

값 15,000원

BASIC OF
MARRIED
LIFE

MZ세대를 위한 결혼 생활 베이직

새 시대 2030을 위한 결혼 생활의 모든 것

서미숙 지음

미다스북스

프롤로그

결혼은 최고의 선택이 될 수 있습니다

당신은 결혼을 두려워하고 있습니까?

당신은 결혼을 족쇄라고 생각하고 있습니까?

모든 게 완벽해지면 결혼할 생각입니까?

보여지는 것이 다가 아니다. 겉에서 보는 결혼 생활은 어려워 보일지도 모른다. 결혼한 많은 사람들이 힘들다고 하지 말라고 한다. 본인들은 결혼도 하고 아기도 낳아 살면서 말이다. 어려운 수학 문제를 푸는 것 같은 느낌이 들 것 같아 막연히 두려워 피하고 싶다. 주변 친구들도 결혼에 대해 회의적이다. 여기저기에서 혼자의 삶을 즐기겠다고 비혼을 선택한다. 설령 결혼을 하더라도 아기는 안 낳겠다고 한다. 진짜 결혼이 그렇게 힘들고 피하고 싶은 제도일까? 하지만 결혼은 그렇게 두려운 것도 힘든 것도 아니다. 내가 바라만 봐도 좋은 사람과 오래 함께할 수 있는 것이 결혼이다. 이 얼마나 좋은 것인가?

누군가를 좋아하고 사랑한다는 것은 매일 생기는 감정이 아니다. 아기가 커서 어린이, 청소년, 성인이 된다. 그리고 중년이 되고 노년의 삶을 살고 인생을 마감한다. 신은 그 과정 중에 성인이 되었을 때 여성은 아기를 낳을 수 있는 기간을 정해주었다. 그 기간에 후손을 낳고 키우도록 말이다. 지금까지 수만 년의 역사로 이어져 현재에 이르렀다. 자연의 섭리에 순응하면서 말이다. 성인이 되었을 때 사랑하는 사람을 만나 결혼도 하고 나를 닮은 아기도 낳아 키워보는 기쁨과 희열을 누릴 수 있도록 신이 우리에게 준 선물이다.

그 기간에 우리는 저마다의 사랑하는 사람을 만나게 된다. 동그란 사람도 만나고 세모난 사람도 네모난 사람도 만난다. 그중에 딱 한 사람 나의 눈과 귀를 마비시키는 사람을 만난다. 사랑이란 놈이 찾아 왔다. 우리는 그렇게 결혼을 선택했다. 모두 다 두렵고 힘들다고 하는 결혼이란 단어에 사랑이란 놈이 밀고 들어 왔다. 진짜 힘들고 두려운가? 안 가보고 포기하고 싶지 않다. 포기하기에는 내 인생도 내 사랑도 한 번뿐이다. 미련이란 안 해보고 안 가본 결과의 단어이고 후회란 해보고 가본 결과의 단어이다. 미련보다는 후회가 낫지 않을까?

결혼 생활에 힘들고 부정적인 일만 일어나지 않는다. 때로는 기쁨도 희열도 존재한다. '온 세상을 다 가진 듯한 어디에서도 느낄 수 없는 행복이란 이런 거구나?' 할 수 있는 순간도 찾아온다. 또 반대로 힘듦도 존재한다. 어디 결혼 생활뿐인가? 사람 사는 삶이다. 그런 것을 맛보기 위해 내가 살아가는 것이다. 사랑하는 사람하고 같이 이겨내느냐 혼자 이겨내느냐의 차이일 뿐이다. 우리가 생존하기 위해서 직장 생활을 하듯이 결혼 생활도 직장 생활과 다르지 않다. 어제와 오늘의 일이 다르고 언제나 작은 문제라도 발생을 하며 우리는 그것을 해결하느라 고군분투하며 살아간다.

지금의 2030세대는 풍요로움과 안락함을 추구한다. 사랑하는 사람과의 결혼 생활을 누구보다 잘하고 싶고 행복하게 보내고 싶어 한다. 하지만 주변에서 모두 힘들다는 말뿐이다. 어디에서 도움을 받을지 막연하다. 나는 올해 결혼 생활 30년이 된다. 그 시간 동안 소위 남들이 말하는 결혼 생활의 힘듦을 이겨내고 이 글을 쓰게 되었다. 결혼 생활 하면서 시대가 변해도 이것만은 꼭 알고 실천했으면 하는 베이직한 내용들이다. 어디에서도 들어볼 수 없는 나만의 체험과 통찰력이 가득하다. 2030세대에게 결혼이란 무엇이고 결혼하기로 결정하면서 생각해야 할 것은 무엇이며 어떻게 하면 부부가 행복하게 살 수 있을까? 슬기로운 부부로 사는 법, 부부가 건강하게 사는 법, 양가 부모님과 친척들과의 관계의 어려움을 풀 수 있는 방법은 무엇일까? 내가 결혼 생활하면서 느꼈던 궁금증과 해결책을 이 책에 담아보았다.

결혼 생활은 쉽고 어려움의 문제가 아니다. 내가 살아가는 삶의 일부분이고 내가 나를 잃지 않고 동행하면 얼마든지 행복함과 만족감을 함께 느끼며 살아갈 수 있는 최고의 선택이다. 인생을 살다 보면 타이밍이라는 단어가 제법 쓸모 있게 느껴지는 순간이 있다. 당신은 이 책을 손에 든 순간이 최고의 선택을 하는 순간일지 모른다.

목차

4장 건강한 부부로 사는 법

5장 슬기로운 부부로 사는 법

- 1장 -

MZ세대에게 알려주고 싶은 결혼 베이직

01

MZ : 비MZ - 결혼이란?

MZ세대는 어떤 사람들일까?

MZ세대의 부모가 5060세대들이다. 열심히 일해서 풍요로움을 일구어 낸, 우리나라를 선진국으로 갈 수 있게 만들어준 주역들이다. 그들이 열심히 일하고 노력한 이유는 자식들을 가난에서 벗어나 풍요롭게 살아가도록 해주기 위함이었다. 그 풍요로움을 누리며 자라온 MZ세대는 경제적으로 여유가 없다고 해도 치킨과 피자를 먹을 수 있고 밥 한 끼 정도의 커피값을 지불하며 사는 게 일상인 사람들이다. 이색적인 경험을 추구하고 최신 트렌드를 따르며 SNS로 강력한 영향력을 발휘하고 집단보다 개인의 행복을 추구한다. 또 소유하는 것보다는 공유를 중요하게 생각하고 알 수 없는 미래보다 현재에 집중하고 다양한 취미를 가지고 있다.

우리라는 개념보다 나의 생각과 행동이 중요하고 남들이 다 가지고 있는 것보다는 특별한 나만의 것이, 이미 완성된 것보다는 내가 채울 수 있는 것이, 화려하고 위험한 것보다는 소박하지만 안정적인 것이 좋다고 한다. 노동의 가치보다 자본 소득에 관심이 많고, 차악의 선택을 하느니 아예 선택을 포기한다. 그래서 주식이나 부동산에도 관심이 많아 공부에 열심인 세대, 그들이 바로 2030세대이다.

재테크에서도 게임하듯이 주식, 가상 화폐 투자를 한다. 금융감독원은 5명 중 1명은 주식 투자를 하고 가상 화폐 계좌도 46% 차지하고 고위험 자산에 공격적으로 투자한다고 했다. 주식이나 가상 화폐 투자가 가장 공정한 게임이라고 생각한다. 재영 씨는 대기업 브랜드 유통회사에 근무한다. 급여를 열심히 모아서 목돈이 조금 생겨 주식에 투자하고 있다. 지난번에는 주식으로 수익을 얻어서 요즘에는 기분이 좋다.

영수 씨는 대학교 2학년이고 방학이면 시간제 알바를 한다. 친구와의 대화 내용이다.

"너 이번에 알바비 얼마 나와?"

"이번에 일을 많이 안 해서 얼마 안 나와. 그런데 나 알바비 나오면 ○○브랜드 가디건 사려고."

"오호 ○○브랜드 가디건이면 입을 만하지. 근데 알바비 다 쓰겠는데?"

"내가 평소에 입고 싶었던 가디건이라서 이번에 사려고."

기성세대하고는 확연히 소비 성향도 다르다. 기성세대는 여유가 어느 정도 있어야 값비싼 명품이나 브랜드를 생각하는 반면 MZ세대는 갖고 싶은 것이 있으면 아르바이트라도 해서 갖고 싶은 것을 얻는 데 쓰는 성향이 있다.

그들은 결혼을 어떻게 생각할까?

〈문화일보〉에 따르면 2명 중 1명은 결혼을 안 해도 된다고 했다. 내 삶, 나의 행복에 집중하고 싶다고 한다. “결혼 제도로 묶인 부부 관계가 아닌 동반자, 친구, 룸메이트 같은 관계가 있으면 외롭지 않을 것 같다고 대답했다. 나이 들어서도 회사나 일만 남는 게 아니라 일상을 공유할 팀원이 있다면 굳이 결혼하지 않아도 외롭지 않을 것 같다”고 말한다. 또 나 자신에게 집중하는 시간을 가장 중요하게 생각하는 MZ세대에게 전통적인 결혼 제도는 또 다른 족쇄와 같다고 한다. 결혼만 보고 달리고 결혼 비용을 위해 열심히 모으고 주택 비용을 10년 이상 모으면서도 집 한 채 소유하기도 벅찬 이 현실이 생각만 해도 답이 나오지 않는다는 것이다.

만 13세 이상 국민 3만 8,000명을 대상으로 실시한 통계청의 〈2020 사회조사〉 결과에 따르면 20대와 30대 모두 “결혼하지 않아도 좋다”고 응답한 비율이 52%나 되었다. 반면 “해야 한다”는 응답은 49.7%이다. 미혼 남성은 “결혼해야 한다”가 40.8%, 미혼 여성은 22.4%에 그쳤다고 한다. 여성이 남성보다 결혼의 희망 비율이 떨어지는 이유는 혼자 있을 때는 자신의 커리어에만 집중하면 되는데 결혼하게 되면 양쪽 부모에게 신경을 써야 하는 데다 자신의 라이프 스타일을 바꿀 만큼 결혼이 가치가 있는지도 궁금하다는 이야기에서 찾을 수 있을 것이다.

영지 씨는 대기업에 근무한다. 지방에 살고 있고 결혼 생각은 없다고 한다. 명절처럼 긴 연휴가 다가오면 서울에 있는 호텔에 예약을 하고 홀로 서울 나들이 여행을 떠난다. 서울의 구석구석을 혼자서 여행하고 힐링을 한다. 호텔에서 맛있는 최고의 음식을 먹고 그동안 고생한 자신에게 선물을 해주고 쇼핑도 즐긴다. 영지 씨는 그 순간이 너무 좋고 기다려진다고 한다. 또 직장에서 퇴근해서도 자신만을 위한 최고의 유기농 재료로 만들어진 음식으로 식사를 하고 온전히 자신을 위해 하루를 쓴다고 했다. 이런 순간들이 행복한데 굳이 결혼을 해서 여기저기 스트레스 받으며 살아가야 할 이유가 없다는 것이다. 영지 씨만 그런 생각으로 살아가는 것은 아니다. 친구들 중에는 아직 결혼 안 한 친구들도 많고 결혼 생각이 없는 친구들도 생각보다 많다고 한다. 이번 설 연휴에는 친구 한 명과 같이 서울 나들이에 함께했다고 한다.

또 반면에 결혼을 긍정적으로 보고 있는 2030세대도 많다. 미디어에서 비혼 얘기를 많이 다루다 보니 2030세대 전체가 그런 것처럼 보이지만 결혼하는 사람들도 많다. 예식장 예약하려면 한두 계절 전에 해야 한다고 하니 결혼도 꽤 많이 하는 듯하다. 결혼을 생각하는 사람들은 결혼의 낭만적 가치에 무게를 두고 둘이 사랑을 하며 가정을 꾸리는 것을 당연하게 생각하고 실천한다는 것이다. 예쁘고 소소한 사랑을 한다. 또 평생 혼자 살 수 없다는 생각에서 내린 결론이기도 하다. 어차피 혼자 살 자신이 없다면 적당한 나이에 하자 주의이다. 또 하나는 그냥 하면 좋을 것 같다는 미지의 세계에 대한 동경이다. 주변 친구나 친지가 행복하게 사는 모습을 보고 결혼하면 좋을 거라는 생각을 가지게 된 것이다.

결혼에 대한 생각이 이렇게 회의적인 이유는 단순히 "희생하기 싫다." 라는 것보다는 내가 하고 싶은 것이 많아졌고 그 꿈을 이루고 싶은 게 일 순위가 되어버렸기 때문이다. 우선순위가 옛날하고 다르게 된 것이다. 또 사회나 세상이 옛날하고 많이 바뀌어서 향유할 수 있는 즐거움 또한 많아져서 전통적인 제도에 갇혀서 그들 부모처럼 재미없고 힘겹게 살아가는 것보다는 차라리 나의 자아 성취를 위해 자기 계발을 하며 갖고 싶은 것을 고민 없이 소유하고 내 삶에 집중하고 싶은 마음이 크기 때문일 것이다.

MZ세대가 아닌 사람들에게 결혼은 무엇인가?

MZ세대가 아닌 기성세대 사람들은 대부분은 결혼을 해서 살고 있는 사람들일 것이다. 그 시대에는 누구나 대학 졸업하고 직장 생활하면서 결혼을 먼저 생각했던 세대들이다. 누구나 할 수밖에 없는 사회적인 분위기 속에서 결혼을 당연하게 여겼던 세대이다. 기성세대에게는 결혼이란 가족의 안식처 같은 존재 아닐까? 주변 친구들이나 지인들을 보면 결혼은 배우자, 자식들과 함께 오순도순 살아갈 수 있는 안락한 공간을 만들어준다. 어쩌면 그것이 인생의 전부인지도 모른다. 이 가족 구성원을 얻을 수 있는 유일한 방법이 결혼이기 때문에 결혼은 선택이 아닌 필수라고 여기지 않을까? 나의 부족한 부분을 채워주고 또 배우자의 부족한 부분을 채워서 하나의 가정을 이끌어가고 사랑의 결실인 자식을 낳아서 같이 힘을 합쳐서 어렵다고 하는 육아도 해보고, 살다 보면 힘든 고비도 같이 넘기면서 살아가게 할 수 있는 것이 결혼이라고 생각한다.

내 친구는 갱년기를 심하게 겪어서 요즘 쓸쓸한 날들이 많다고 한다. 아들딸을 잘 키워냈고 남편과도 사이가 좋다. 어느 날 밤에 답답해서 딸과 함께 아파트 단지 안 놀이터에 산책을 나왔다.

"엄마, 요즘 기분이 별로 안 좋은 것 같아."

"그렇게 보이니? 나 갱년기인가 봐. 왠지 외롭고 혼자 있는 것 같아. 너희들 키울 때는 그럴 시간이 없어서였을까?"

딸이 엄마의 머리를 어루만지며 말했다.

"그동안 울 엄마 고생 많았어. 앞으로 우리가 잘할게. 갱년기 잘 이겨내도록 도와줄게, 엄마!! 엄마하고 싶은 것 있으면 이제 한번 해봐. 요즘 아줌마들 이것저것 많이 배우던데."

"우리 딸이 이렇게 위로의 말을 하니까 기운이 나는 것 같아. 언제 이렇게 컸는지!"

기성세대에게 결혼이란 정서적으로 위로를 받을 수 있고 세상을 살아갈 수 있는 힘의 원천이 될 수 있다. 결혼을 통해 가족이란 새로운 울타리가 생기고 그 울타리 안에서 생기는 희로애락을 겪음으로써 성장하고 삶이 윤택해진다고 생각한다.

또 기성세대라고 해도 모두 긍정적으로 보진 않는다. 부정적으로 보는 경우도 있다. 결혼으로 인해서 상상하기 힘들 정도의 삶을 살고 있거나 살아낸 사람이라면 결혼이 마냥 핑크빛으로 보이진 않을 것이다. 시댁 시집살이로 인해 삶이 피폐하거나 배우자로 인한 상처라든가 자식으로 인한 괴로움 등 많은 변수가 있을 수 있기 때문에 그런 일을 겪은 사람들에겐 결혼은 부정적일 수도 있을 것이다. 아이들 크기만을 수많은 나날들을 참고 인내하며 살았을 수도 있다. 아이들이 성장하자마자 헤어짐을 준비하는 중년의 사람들을 종종 본다. 황혼 이혼과 졸혼이 거론되는 이유이다.

사람들은 MZ세대를 말하기를 단군 이래 가장 똑똑한 세대라고 한다. 기성세대의 생각으로 이해하려면 이해가 안 되는 그런 상황들이 많다고 한다. 이해 안 된다고 이상한 시선으로 볼 필요도 없다. 본대로 인정하자. 그래야 세대 교체가 되고 우리나라도 교과서 같은 고루한 유물 같은 발상들로부터 바뀔 수 있지 않을까? 이제는 그들이 주인공이다. 앞으로 어떻게 멋지게 결혼이라는 어렵고 힘든 여정을 풀어내고 어떤 유물을 만들어갈지 기대가 된다.

02

MZ여성 : MZ남성 - 결혼에 대한 생각

여성의 결혼 생각

여성 1인 가구의 형태가 해가 지나갈수록 높아지고 있다고 한다. 남성에 비해 여성이 비혼을 선택하는 비중이 높다. 시대가 너무 좋아졌다. 시대가 좋아졌다는 것은 여성의 능력을 발휘할 수 있고 여성의 뜻대로 살아갈 수 있다는 것이다. 옛날에는 여성은 사회생활할 수 있는 시스템도 없었고 많이 배우지도 못했으며 경제적으로 살아갈 수 있는 방법이 거의 없었다. 가장 쉽게 선택할 수 있는 것이 결혼이었을 것이다. 시집만 잘 가면 그래도 밥은 굶지 않게 살 수 있었으니까 말이다.

옛날 어른들 말이 생각난다. 여자가 나가서 돈 번다고 하면 얼마나 벌겠느냐며 그래도 남자가 나가야 온 가족이 다 먹을 수 있다고 했다. 그만큼 사회적으로 남성의 일이 많았고 남자를 선호했던 시대였다. 하지만 지금의 여성은 어떠한가? 교육도 남성들이랑 똑같이 받았고 능력도 탁월하다. 또 옛날처럼 남성만의 힘을 필요로 하는 영역이 주를 이루는 시대도 아니다. 오히려 여성의 섬세함과 예리함을 더 요구하는 시대일 수도 있다. 그럼으로써 사회적으로 여성의 할 일이 많아짐에 따라 경제적인 능력을 갖추게 된 것이다. 그런 상황에서 굳이 결혼을 해서 윗세대의 대물림을 하고 싶지 않은 것이다.

조카와의 대화 내용이다.

"○○아! 잘 지냈어? 언제 우리 ○○이가 이렇게 컸냐. 벌써 28살이지?"

"네. 이모, 별일 없으시죠? 그러게요, 나이가 이렇게 먹었어요."

"한 가지 물어볼 게 있는데 너 결혼에 대해 어떻게 생각하는지 궁금한데?"

"저요? 저는 결혼은 해도 되고 안 해도 된다고 생각해요. 결혼은 행복하려고 하는 건데 예를 들어서 여건이 안 되면 굳이 할 생각은 없어요. 혹시 하더라도 둘만 잘살면 된다고 생각해서 아이는 안 낳을 것 같아요."

"왜 결혼에 대해서 그렇게 생각했는데?"

"이모! 요즘에는 재미있고 즐거운 게 많잖아요! 저 혼자 살아도 다 즐기면서 살고 돈도 벌 수 있는데, 굳이 결혼해서 피곤하게 살고 싶지 않아요. 그리고 혼자 있는 시간이 더 행복하다는 생각이 들어요. 나 혼자일 때 내 자신에게 더 충실할 수 있어서 좋은 것 같아요."

"어머! 우리 ㅇㅇ이가 벌써 이렇게 어른이 되었구나!!!"

여성도 남성 못지않게 경제적인 능력을 갖춤으로써 자연적으로 홀로 설 수 있는 자신감이 생긴 것이다. 친구들도 만나고 하고 싶은 취미 생활도 해보고 여행도 다니면서 살 수 있는 것에 기쁘다고 한다. 또 여성이 모두 비혼을 선호하는 건 아니다. 결혼을 생각하는 여성도 많다. 마음에 들고 좋은 배우자가 나타나면 결혼하겠다는 여성도 많다. 30살의 세영씨는 부모님의 사이가 좋아서 결혼에 대해 긍정적이다. 지금은 아니지만 좋은 사람 만나면 결혼할 생각이다. 혼자 살아갈 자신이 없다고 한다. 항상 지금처럼 젊은 나이에 멈추어 있는 것도 아니기에 한 살이라도 젊을 때 갈 생각이다. 마음에 드는 사람을 만나야 가능하기에 지금은 연애에 집중하고 있다.

남성의 결혼 생각

남성은 여성보다 비혼의 비율이 조금 낮다. 남성들도 결혼에 그렇게 목표를 두고 살진 않는다. 누군가를 책임져야 하는 삶이 그들에게도 부담으로 다가옴은 여성과 마찬가지로 느껴진다. 그들도 혼자 있으면 편하고 좋다. 하고 싶은 것 있으면 하면서 취미 생활과 친구들 만나고 여행 동호회 등등 하고 싶은 게 많다. 언젠가 지하철을 타려고 기다리고 있는데 옆에 젊은 남성들이 삼삼오오 모여서 이야기하는 것을 들을 수 있었다. 같은 직장 동료들 같았다. 결혼에 대한 이야기였다. 나는 귀가 쫑긋해져서 들려오는 소리를 들을 수 있었다.

"결혼은 해야 될 것 같은데 아직 준비된 것이 없어서 망설여지는데요? 일단은 여자를 만나야 되는데 시간도 여유롭지도 않고 참 그러네요. 또 사실 누군가를 책임진다는 것도 자신도 안 생기고 다들 어떠세요?"

"뭐 비슷하죠? 나이만 자꾸 먹고 좀 답답한 면은 있죠."

"저는 아직 결혼 생각이 없어요. 그 과정도 힘들고 지금 환경이 여건도 안 되고 일이나 해야죠."

"결혼을 하긴 해야 되는데 결혼하는 이유가 혼자 살 자신이 없어서 그런 거잖아요? 결국은 외로워서 그런 건데…."

"주변의 결혼한 선배들 살아가는 것 보면 좋아 보이기도 하고…."

나는 그들의 이야기를 듣고 씁쓸했다. 우리는 아무 생각 없이 결혼하고 아무 생각 없이 아이를 낳아서 살았다. 그 시대에는 누구나 그랬었다. 요즘 젊은 친구들은 너무 생각이 많구나 그냥 안타까운 마음이 들었다. 그들이 결혼을 안 했기 때문이 아니다. 그들의 저 깊숙한 속마음에는 잘살고 싶고 고생하고 싶지 않고 경제적인 환경만 조성된다면 행복하게 살고 싶은 인간의 본능이 엿보였기 때문이다. 누군들 마음에 드는 배우자 만나서 토끼 같은 아이들 낳고 알콩달콩 살기를 원하지 않는단 말인가? 속마음은 경제적인 부분에 대한 부담감만 없다면 행복하게 살 수 있을 거라는 생각인 것이다. 그냥 모두가 다 행복하면 안 되나? 그런 의문이 들었다. 치열하게 경쟁하지 말고 비교할 것도 없고 너도 나도 다 잘살면 좋겠다는 생각이 스치면서 치열하게 살면서 도태되고 안간힘을 쓰면서 떨어지지 않으려고 하는 현실이 많은 생각에 잠기게 했다.

사실 결혼이라는 것은 혼자 하는 게 아니기 때문에 나와 배우자의 자라온 환경도 많은 영향을 미친다. 경제적으로 부유하게 살아왔을 수도 있고 환경적으로 어렵게 살아왔을 수도 있다. 그런 사람들이 결혼이라는 제도에 도달하기까지는 많은 검증과 확신이 있어야만 가능하다. 지금 우리가 살고 있는 현대 시대에는 많은 가족 형태가 존재한다. 한부모 가정도 생각보다 많이 있고, 이혼한 가정도 많다. 이혼한 가정에서 자란 사람은 결혼에 대해 회의적일 수밖에 없다. 보고 자라온 환경이 자신의 미래에 영향을 끼치는 요인이 될 수밖에 없다. 부모의 이혼을 직접 눈으로 겪은 사람은 두 가지로 생각이 나뉜다. 한 가지는 "절대 결혼은 안 할 거야." 또 한 가지는 "진짜 좋은 사람하고 결혼해야 돼." 각기 다른 환경과 능력 등이 결혼의 유무를 판단하는 여러 가지 형태로 나타난다.

전체적인 남녀의 결혼에 대한 생각은 해도 되고 안 해도 그만이라는 생각이 주류를 이룬다. 행복에 대한 확신이 없는 다른 형태의 삶을 선택하느니, 내 의지대로 살아갈 수 있는 혼자만의 삶을 선택하는 것이다. 시대도 우리의 의사와 상관없이 빠르게 변하고 있고 삶에 대한 가치관과 결혼에 대한 생각도 발맞추어서 빠르게 변하고 있다. 격변하는 시대에 살고 있는 것이다. 자신의 편리함을 추구하고 내 삶을 내가 선택하면서 살아가는 모습을 무슨 자격으로 누가 뭐라고 할 수 있을까?

03

부모 입장에서의 결혼의 의미

결혼을 강요하지 않는다

“ㅇㅇ이는 아직 남자친구 없어?”

“아직 없어… 결혼 안 한다고 그러네. 괜히 결혼해서 고생하기 싫다고 하는데 내가 뭐라고 할 수는 없지.”

“그래? 요즘 비혼을 선택하는 애들도 많긴 한가 봐. 우리 때처럼 아무 생각 없이 결혼하지는 않는 것 같아.”

"엄마로서 조금 걱정은 되지. 어쩌겠어. 본인들이 알아서 하겠지. 또 어떻게 보면 결혼 안 하는 것도 나쁜 것 같지도 않은 것 같고. 매일 밥만 하고 힘든 삶이었잖아. 시대가 아무리 변했어도 밥은 먹잖아. 요즘 남편들은 도와주긴 해도 한계라는 게 있지. 결혼하라고 강요하고 싶진 않아."

"그런데 나이 들어서 외로워서 그렇긴 하지… 결혼할 거면 늦게 하는 게 나을 것 같아."

얼마 전에 친구와의 전화 통화이다. 성인이 된 자식들이 결혼 안 한다고 하는 말을 빈말이라도 들어봤다는 것이다. 친구들은 그렇게 결혼을 강요하지는 않는다고 했다. 혼자보다는 둘이 낫다고 하지만 본인의 뜻을 존중하겠다는 것이다. 시대가 변함에 따라 부모들의 생각도 많이 변했다.

5060세대에서의 결혼이란 10명 중에 7, 8명은 하는 것이었다. 그 결혼 생활이 힘들고 어려운 과정일지라도 누구나 그 시대에는 결혼을 하는 것이 당연한 것처럼 생각하는 시대였다. 한마디로 얘기하면 아무 생각 없이 결혼할 나이가 되면 맞선이라도 봐서 결혼을 강행했던 세대이다. 결혼을 해서 보면 만만하지 않은 수많은 일들이 내재되어 있었고 그 모든 일들을 헤쳐나가며 살아내야만 했던 억척스러움과 인내심의 산물이었다. 그런 고난이 있어서인지 내 자식만큼은 고생도 고통도 주지 않으려고 편안함과 풍요로운 경제력을 동원하여 아이들을 키워냈다. 그런 부모 밑에서 자란 아이들은 부족함도 고통도 모르고 자랐고 그 세대가 바로 2030세대이다.

부모들은 하나같이 말한다. 내 자식이 나처럼 고생 안 했으면 좋겠다고 부모들의 시대에는 결혼의 불공평함이 많은 세대였기에 억울한 면도 많았을 것이다. 시댁 시집살이는 당연한 것처럼 만연해 있던 시대였고 남편들의 가부장적이고 보수적인 태도에 시달릴 대로 시달린 시대였다. 남녀 불평등 시대에서 여자들의 고통은 말할 수 없었을 것이다. 그런 이유로 요즘에 황혼 이혼의 주인공이 된 것이다.

결혼에 대한 이미지가 그렇게 좋진 않다. 남자는 남자대로 열심히 일만 하고 평생 가족을 위해 살았는데도 돌아오는 현실은 차갑게 대하는 자식들과 아내의 냉소적인 모습에 고독과 외로움을 토로할 곳 없이 쓸쓸한 중년을 보내고 있다. 여자는 또 어떠한가? 시댁 시집살이에 자식 키우기와 경제적인 부분까지 책임지며 거울 한 번 볼 겨를 없이 살아온 지난날이 원망스럽기만 하다. 이런 부모들이 결혼에 대한 이미지가 좋을 리 없다. 어찌보면 부모 세대가 요즘 2030세대보다 결혼을 더 부정적으로 볼 수도 있을 것이다.

#그럼에도 불구하고 지구는 돈다

그럼에도 불구하고 지구는 돌아야 한다. 주변의 부모들에게 물어보면 결혼을 하길 원하며 가능하면 늦게 하길 원한다. 괜히 준비 안 된 결혼은 둘 다 너무 고생이 많다는 것이다. 조금 이른 나이의 결혼은 정신적 물질적으로 힘겹다는 것이다. 사회생활도 해보고 여행도 많이 다녀보고 이 사람 저 사람도 만나보면서 삶을 어느 정도 체험하다가 결혼하기를 바란다고 한다. 또 여자 남자 구분 짓지 말고 둘이서 힘을 합쳐서 경제적인 부분이나 육아나 집안일을 같이 헤쳐나가길 바란다. 또 그들의 의견을 존중하기 때문에 원하는 대로 해주려 애쓴다. 사람마다 차이는 있겠지만 시댁 시집살이로 인한 부담을 주고 싶어 하지 않는다. 그들만 알콩달콩 싸우지 말고 잘살길 바랄 뿐이다. 이런 부류의 부모가 있는가 하면,

상대 배우자의 조건이나 환경에 적극적이기도 하다. 내 자식이 안 좋

은 환경에 가서 고생하길 원하지 않기 때문에 조건에 맞는 배우자를 찾아 나서고 있는 부모들도 존재한다. 그리고 그들의 결혼 생활에 이모저모 관심을 가지고 참견하기도 해서 갈등을 초래하는 주범이 되는 경우도 종종 있다. 자식이 행복해지길 간절히 원하면서 그들만의 결혼 생활을 같이 공유하려고 하는 잘못된 자식 사랑으로 인해 자식이 불행에 빠지는 경우도 있다.

대부분의 부모는 그래도 마음에 드는 배우자 만나서 행복하게 결혼 생활을 하기를 바란다. 큰 문제없이 편안하게 잘살면 고맙다고 생각한다. 연예인들이 출연하는 혼자 살고 있는 모습은 전파를 타고 전국으로 실시간 방송을 해준다. 쓸쓸하고 눈물이 나오며 혼밥을 먹는다. 짠하다. 애처롭다. 하지만 또 그것대로 지낼 만하다.

자식이 결혼이 너무 늦어지거나 비혼이라도 선언하면 살짝 당황하고 걱정스러워 하지만 옛날에 비해 강요를 하거나 크게 스트레스를 주지는 않는 것 같다. 이런 생각들의 영향으로 결혼이 늦어지고 비혼으로 가며 딩크 세대가 탄생하기도 했다. 지인들과 주변을 보면 한 집에 한 명씩은 비혼으로 살겠다며 얘기한다고 한다.

"잘 지내고 있지?"

"어, 그럼 잘 지내고 있지~~ 별일은 없고?"

"별일이 있지~ 둘째 ○○이가 결혼 날짜를 잡았어!!!"

"어머나!!! 아니 재작년에 큰애 ○○이가 결혼하지 않았어?"

"그러게 다들 내 곁을 떠난다고 하네."

"그게 좋은 거야!!!"

"축하해!!!"

"올 거지?"

"당연히 가야지!!!"

얼마 전에 친구의 둘째 딸이 결혼한다고 연락이 왔었다. 요즘 친구와 지인들의 연락의 대부분은 자식들의 결혼 소식이다. 일이 년 전에는 결혼 소식이 들려올 때는 깜짝 놀랐었다. 벌써 아이들이 결혼을 한다니 당황스러웠었다. 그 뒤로는 간간이 조금은 자주 들리는 듯하다.

벌써 내 나이가 이렇게 많이 들었었나? 하는 생각과 건강하고 성숙하게 잘 자라준 아이들이 자기의 길을 가며 가정을 꾸린다는 것에 대견스러움이 마냥 고맙게 느껴지기도 한다.

오늘날의 결혼은 물론 해도 되고 안 해도 되는 선택할 수 있는 사회적인 분위기와 자본주의의 발달로 생활의 편리함이 완벽해짐에 따라 배우자의 빈자리를 크게 느끼지 않는 홀로서기가 가능한 시대로 접어들었다. 정신적인 동반자만 있으면 비혼으로 살아가도 좋다고 생각하는 사람들이 존재하는 시대이다.

옛날의 결혼 생활을 다 겪어낸 부모 세대가 자식의 결혼을 원한다고 바뀔 수 있는 그런 문제는 아닌 듯하다. 인간으로서 본능적인 삶을 배제하면서 살아가길 원하지 않는다는 것이다. 과연 배제한 삶은 얼마나 만족시켜줄 수 있을지 의문이 들 때가 있다. 한 개를 얻으면 한 개는 잃는 것이 세상 이치이지만 그저 물 흐르는 대로 살아가는 것이 자연의 일부분인 인간으로서의 본질 아닐까 한다.

- 2장 -

결혼하기로 했다면서?

01

결혼 준비

예물보다 진정한 사랑

'결혼을 왜 하십니까?'라는 질문에 대다수의 사람들은 행복하기 위해서라고 대답한다. 맞는 말이다. 불행해지려고 결혼하는 사람은 없을 것이다. 결혼을 준비하는 예비부부는 행복한 결혼 생활의 상상만으로 하루하루를 보낸다. 사랑하는 사람과의 결혼 생활은 진짜 행복할 것 같다. 행복하기 위해서 준비해야 할 것도 많다. 결혼 준비하면서 예비부부는 의견 차이도 있고 갈등이 심해져서 싸움으로 번지기도 하고 심지어 헤어지는 경우도 발생한다. 신랑 쪽에서 아파트 한 칸도 준비 못 한다고 그런 결혼은 안 시킨다는 부모도 있다. 또 예비 며느리에게 너무 많은 혼수와 예물을 요구하는 시부모도 존재한다. 같이 살아갈 집과 살림살이 양가 부모와의 친분 등 평생 겪어보지 않은 많은 새로운 일들을 마주하게 된다. 결혼식이 다가올수록 예비부부는 많은 신경을 써서 살이 쭉쭉 빠진다. 다시는 두 번 못 할 일이라며 손사래를 친다.

여러 가지 준비 중에 혼수 예물보다 더 중요한 것은 예비부부의 마음가짐이다. 이제 두 사람만의 보금자리에 세상에서 가장 편안하고 행복한 공간을 만드는 것이다. 많은 이야기를 통해서 앞으로 있을 수많은 일들을 지혜롭게 헤쳐나가야 될 것이다. 행복하기 위해서 결혼한다지만 행복만이 존재하지는 않는다. 밤이 있으면 낮이 있고 동전도 앞면과 뒷면이 존재한다. 우리의 일상생활은 여러 가지 환경에서 변화가 생기고 그때마다 행복이 불행으로 바뀔 수도 있다. 항상 예기치 않은 변화와 위험은 우리의 행복을 위협하고 있다. 긴 여정의 삶 속에서 배우자와의 결혼 생활을 어떻게 행복의 비중을 높여가며 유지해나갈 수 있을지 고민해봐야 한다. 많은 혼수와 값비싼 예물이 중요한 것이 아니다.

내가 결혼할 때만 해도 혼수 예물이 그렇게 중요하지는 않았다. 두 사람이 뜻이 맞고 사랑한다면 몇 억짜리 아파트가 없어도 행복은 넘쳐 흘렀다. 뭐가 그렇게 좋은지 아무것도 없어도 항상 웃었던 것 같다. 우리에겐 미래에 대한 계산을 미리 할 필요가 없었다. '어떻게 되겠지. 설마 굶기야 하겠어?' 그런 마음이 혼수였었다. 그 외의 재물은 열심히 노력해서 모으면 될 일이었다. 서로 배려하고 사랑하는 마음으로 살아간다면 다른 어떠한 것도 걸림돌이 될 수 없었다. 그런데 요즘은 모든 것을 완벽하게 다 준비하고 시작하려 한다. 몇 억짜리 아파트며 최신 전자제품의 혼수며 비싼 예물을 준비하느라 예비부부뿐만 아니라 그의 부모들도 허리가 휠 지경이다. 결혼식 하기도 전에 지친다.

옛날에는 결혼은 무에서 시작해서 하나씩 채워가는 과정이었다고 하면 현재의 결혼은 모든 것을 가지고 출발해서 하나씩 잃어가는 과정이라고 볼 수도 있다. 참 안타까운 일이다. 부족하지만 하나하나 채워가는 그 재미도 해본 사람만이 느낄 것이다. 행복한 결혼에 경제력은 필요조건이지만 충분조건은 아니라고 생각한다. 부족함 없이 모든 것을 준비하고 시작했는데 잘 살면 다행인데 부부가 사이가 나빠져 이혼이라도 하면 어떻게 한단 말인가? 요즘엔 이혼율이 계속 높아지고 있다. 무엇이 잘못되었는가? 자신에게 질문해볼 일이다. 물질 만능주의와 인내심 부족이다. 물질에 대한 끝없는 욕심과 남들과의 비교와 더 못 가지는 것에 대한 자괴감 그리고 배우자에 대한 사랑의 배려에서 오는 인내심 부족 등을 들 수 있다. 그런 마음가짐은 결혼 생활뿐만이 아니라 삶 전체에 커다란 걸림돌이 되어 행복이 찾아와도 느끼지 못할 것이다.

#누가 준비하면 어때

결혼하기로 마음이 정해졌다면 두 사람이 모든 것을 의논하여 결정하면 된다. 부모도 어느 누구도 두 사람의 인생을 대신해줄 수 없다. 두 사람이 가야 할 미래이고 내 삶이다. 내가 가지고 있는 능력의 한도 내에서 욕심내지 말고 준비하면 된다. 요즘에는 집이 비싸니까 혼수를 좀 아껴서 집 구하는 데 보태는 예비부부도 있다. 내 친구 부부는 경제적으로 어렵게 살았다. 남편이 하던 사업이 잘 안 되어서 힘들어했었다.

아들만 두 명 있었는데 어릴 때부터 학원비도 제대로 해줄 수 없는 형편이었다. 다행히 아이들이 그럭저럭 공부를 잘해서 성적이 잘 나왔었다. 서울에 있는 대학을 졸업하고 중견 기업에 취업이 되었다.

직장 생활 몇 년 하다가 현재 사귀고 있는 여자친구랑 결혼하기로 했다고 한다. 친구는 걱정이 이만저만이 아니었다. 결혼식 준비도 그렇고 신랑 쪽이니까 주거 문제가 걱정이라고 주름살이 가득했었다. 가정 형편상 모든 것이 준비가 안 되었고 생각도 못 한다는 것이다. 신랑 쪽에선 최소한 전세 정도는 해주어야 하는데 요즘 부동산 시세가 너무 많이 올라 엄두가 안 난다는 것이다. 그렇다고 부모 된 도리로 월세를 살라고 할 수도 없는 노릇이었다. 밤에 잠도 못 잔다고 했다. 요즘 자식이 결혼하면 부모들은 전세나 집을 사주려고 살던 집도 좁혀간다. 다행히 신부 쪽이랑 반씩 보태고 대출 좀 받아서 신도시에 아파트 한 채를 마련했다고 한다. 하늘이 무너져도 솟아날 구멍은 있다고 하지 않았던가? 얼마나 잘된 일인가?

그뿐이 아니다. 부모한테 전혀 폐를 끼치지 않고 예비부부가 알아서 준비를 한다는 것이다. 가지고 있는 자산의 한도 내에서 무리하지 않고 현실적으로 꼭 필요한 부분을 의논하며 진행한다고 어느 날 친구는 미안한 마음과 고마운 마음이 교차한다며 자랑삼아 이야기했다. 요즘 젊은 부부들은 남자가 집을 준비한다는 것에 규정을 짓지 않는 것 같다. 집값이 많이 비싸기도 해서 남자 혼자 준비한다는 것이 현실적으로 어려운 일이 되어버렸다. 또 어떤 예비부부는 집값은 둘이서 반반 준비하고 혼수와 예물은 최소 한도로 하기도 한다. 또 종잣돈을 모으기 위해서 월세를 일부러 선택하기도 한다. 각자 사정에 맞게 전략을 짜면 된다. 사실 두 사람의 뜻만 맞는다면 원하는 결혼식과 혼수 예물을 준비할 수 있고 부모들도 본인들의 의견을 존중해줄 것이다.

너와 나가 아닌 우리가 되어야 행복하다

결혼했는데도 불구하고 작은 갈등만 있어도 너는 너, 나는 나라는 생각으로 계산만 하고 싸우는 부부가 많다. 연애할 때는 너는 너, 나는 나였기 때문에 헤어져도 서로 큰 부담이 없었다. 하지만 지금은 결혼을 해서 한배를 탄 동반자이다. 목적지까지 배가 잘 갈 수 있도록 서로 의논하고 양보하고 배려하면서 앞으로 나아가야 한다. 갈등이 생겼을 때 너와 나로 분류하면 최종 목적지는 헤어지는 것이다. 요즘에는 부부간의 갈등이 양가 가족으로 인한 갈등 때문에 헤어지는 경우가 참으로 많다. 안타까운 일이다. 각자의 부모로부터 완전한 독립을 못 했기 때문이다. 부모들이 성인이 되었는데도 불구하고 이것도 해주고 저것도 해주는 화분의 꽃처럼 모든 영양분을 필요할 때 공급해주면서 키웠으므로 완전하게 독립을 못 하고 부모한테 의지한 채 결혼을 선택하게 된다. 결혼 생활하면서 힘든 일이 생기면 바로 부모에게 달려가서 알리고 도움을 요청한다. 부모는 또 해결사가 되어 부부 사이에 끼어들어 참견을 하고 판사가 되어 판결을 내려준다.

영순 씨는 결혼 7년 차이고 직장 생활을 같이한다. 5살 된 딸이 한 명 있다. 집 근처에 친정 부모님이 살고 있다. 아이 때문에 가까이 이사를 해서 친정 엄마가 아이를 돌봐주고 있다고 한다. 유치원을 다니는데 유치원 끝나면 영순 씨가 오기 전까지 친정 엄마가 돌봐준다고 했다. 영순 씨는 외동딸이다. 친정 엄마는 부부의 모든 일들과 손녀에 관해서 모르는 것이 없다. 친정 엄마도 건강해서 모든 일에 적극적이라고 한다. 손녀가 유치원 다니면서 아이들에게 따돌림을 당했을 때도 친정 엄마가 직접 나서서 유치원 엄마들을 개개인 만나서 얘기도 들어보고 해결하려고 노력했었다.

영순 씨를 대신해서 아이 엄마 역할을 했던 것이다. 또 가끔은 사위가 마음에 안 드는 모습이 있으면 가슴에 모았다가 얘기를 한다는 것이다. "퇴근 후에 집안일 좀 도와주게. 설거지도 좀 해주고 빨래도 자네가 좀 돌려 주고…." 이런 식이다. 아마 사위의 기분은 그렇게 좋지만은 않을 것이다. 스스로 해주는 것과 누가 시켜서 하는 것은 차이가 있는 것이다. 다행히 사위 성격이 무난한 편이라 지금까지 큰 문제 없이 지내온다고 한다. 영순 씨는 친정 엄마가 그런 잔소리를 할 때면 그만하시라고 계속 얘기한다고 한다. 우리가 알아서 할 테니까 걱정하지 말라고 말이다. 남편은 옆에서 미소를 짓는다고 한다.

영순 씨는 그래도 중간에서 처신을 잘했기 때문에 남편이 큰 스트레스 안 받고 미소를 지으며 살 수 있었을 것이다. 여기에서 영순 씨가 남편 욕을 같이 하면서 친정 엄마한테 구구절절이 얘기하면서 하소연이나 했다면 남편이 설 자리는 없었을 것이다. 설사 친정 엄마가 서운했을지는 몰라도 말이다.

정미 씨는 결혼한 지 15년 가까이 되고 아들딸을 키우고 있다. 간단한 시간제 일을 하고 있고 시어머니는 따로 살고 있다. 시어머니는 결혼할 때부터 정미 씨가 크게 마음에 들지 않았다. 세상 물정도 어둡고 살림 솜씨도 없는 것 같아 늘 불안하게 바라봤다. 그러다 보니까 자주 집에 들러서 잔소리를 하게 되고 사소한 일까지도 참견을 했다고 한다. 시간이 지날수록 잔소리는 점점 심해지고 정미 씨의 스트레스는 견디기 힘들 정도였다고 한다. 마침 전세 살고 있는 집이 만기가 되어 이사를 가야 하는 상황이 되었다. 정미 씨의 남편은 과감하게 결정을 내렸다. 본가하고 거리가 먼 곳으로 다시 집을 계약했다. 멀리 가니까 시어머니가 예전 같으면 여러 번 왔을 텐데 거리가 있으니까 오는 숫자가 줄어서 그만큼 잔소리와 참견으로부터 해방될 수 있었다.

살면서 아내가 시댁하고 문제가 생겼으면 남편은 아내를 먼저 믿고 고민하고 해결책을 찾아봐야 된다. 또 아내는 남편이 친정과의 갈등이 생겨도 남편의 입장에서 남편을 믿고 해결책을 찾아야 한다. 살아도 헤어져도 우리만의 문제이기 때문이다. 부모는 여기에서 어떠한 자격이 주어지지 않는다. 이미 나는 독립된 인격체이기 때문이다. 설사 내가 안 좋은 결과가 있어도 부모는 바라보고 슬퍼할 수밖에 없는 것이다. 부모가 내 인생에 참견을 많이 하면 할수록 내 삶은 뿌리 없는 나무가 될 것이다.

결혼하면 너와 나가 아닌 우리여야 하는 이유가 가정의 행복을 위해서이다. 배우자를 바라보는 시선을 '너'로 바라보면 우리가 될 수 없다. 우리가 되었을 때 어떠한 일이 생겨도 가정이 깨지는 일은 없을 것이다. 또 부모들도 잔소리와 참견을 하다가 말 것이다. 내 자식이 저렇게 배우자를 사랑하고 믿는데 내가 무엇이라고 갈라놓는단 말인가 하면서 말이다. 알아서 잘 살겠지….

02

출산

위대한 일

여자의 일생에 있어 아기 낳는 일은 기적에 가깝고 자연이 준 최고의 선물이다. 결혼 적령기가 되면 결혼을 하고 결혼을 하게 되면 사랑의 결실인 사랑하는 아기가 탄생한다. 지구상의 어떤 동물도 출산을 하지 않는 동물은 없으며 자연의 이치이다. 건강하고 튼튼한 아기를 낳으려면 결혼 전부터 건강 관리에 많은 신경을 써야 한다. 일부러 둘만 잘살겠다고 하는 부부도 있지만 아기를 간절히 원하는데 안 생기는 부부도 너무 많다. 여러 가지 시술도 인공 수정도 많이 해보지만 사랑하는 예쁜 아기는 생기지 않아 시간이 갈수록 초조해지고 몸과 마음이 지치는 부부도 많이 봤다. 여성은 가능하면 젊은 나이에 임신하면 산모도 아기도 건강하고 튼튼할 확률이 높다. 노산으로 접어들면 임신도 잘 안 되고 임신했다 하더라도 조산의 위험이 있어서 늘 조심해야 한다. 괜히 가임 기간이 있는 것이 아니다.

나의 경우는 결혼하고 일 년 정도 있다가 28살에 임신을 하게 되었다. 그 당시에는 내가 약간 임신하기 늦은 나이였을지도 모른다. 나도 어차피 낳을 거면 늦게 낳고 싶진 않아 아기를 가져야겠다고 생각은 했었다. 그렇게 큰아이 작은아이가 태어났다. 우리 때만 해도 남편들이 산부인과 가는 것이 어색한 시절이어서 나 혼자 임신 기간 동안 열심히 다녔었다.

분만할 때는 남편들은 분만실 밖에서 아내가 무사히 분만하기만을 기다리며 마음을 졸이고 있는 모습이 대부분이었다. 첫아이 분만하고 친정 엄마 아버지를 봤는데 왜 그렇게 눈물이 쏟아졌는지 하염없이 울었던 기억이 난다. 물론 엄마 아버지도 내 손을 잡고 눈물을 흘리고 계셨다.

그리고 첫아이를 처음 얼굴을 봤는데 너무 잘생겨서 내 아기가 아닌 줄 알았다. 간호사한테 혹시 아기가 바뀐 것 아니냐고 내 이름을 다시 불러주었었다. 둘째 아이 때도 얼굴을 봤는데 간호사를 불러 달라고 했었다. 아기가 혹시 바뀐 게 아니냐고 묻고 싶었다. 큰아이만 생각하다가 둘째 아이를 보니 너무 못생겨서 당황스러웠다. 하지만 팔목 이름표에 버젓이 내 이름이 있는 것을 보고 내 아기구나 했었다. 다행히 지금은 너무 잘생긴 청년이 되었다. 여자로서 아기를 낳는다는 것은 인생에서 가장 위대한 일이다.

남편이 참여하는 출산

요즘은 세상이 많이 바뀌어서 부부가 함께 산부인과를 처음부터 손잡고 다닌다. 임신부터 출산까지 남편이 함께한다. 초음파 사진을 보며 입이 귀에 걸려 있는 남편과 아내는 그렇게 사랑하는 아기를 맞이한다. 한 달에 한 번 오는 병원도 항상 휴가를 내어서 남편과 같이 오고 귀를 쫑긋하게 세워서 의사 선생님이 얘기하는 내용을 하나도 빠뜨림 없이 기억하려고 한다. 분만실에서도 남편은 산모 다음으로 대접받는다. 진통 내내 남편이 옆에서 아내의 진통을 함께 어루만지고 보듬으면서 아내가 잘 이겨낼 수 있도록 도와준다. 이윽고 세상에 아기가 탄생하는 감격적인 순간 아빠가 아기의 탯줄을 자른다. 이 세상을 다 얻은 것 같은 만감이 교차하는 순간이다. 남편들은 말한다. 자기가 아기를 낳은 것 같다고 말이다.

기영 씨는 아내가 임신 38주이다. 막달이라서 아내가 너무 힘들어한다. 배가 많이 부르다 보니까 앉아 있기도 서 있기도 힘들다고 한다. 임신 기간 동안 그래도 큰 무리 없이 아기도 잘 자라고 있어서 아기를 만날 날만 기다리고 있다. 병원에서 막달 검사도 별 이상 없이 나오고 갈 때마다 듣는 태동 소리도 건강하고 활기차서 부부는 분만만 잘하게 해 달라고 기도하고 있다고 한다. 출산 준비물도 가방에 넣어서 현관 옆에 잘 챙겨 두고 언제든지 진통이 오면 바로 병원으로 갈 준비를 하고 있다. 요즘에는 병원에서 웬만한 것은 다 준비해주니까 크게 준비할 것은 없었다.

그런데 막달이 다되어 가니까 아내의 손과 발이 부어서 기영 씨가 시간 날 때마다 주물러주고 있다. 아기 몸무게는 평균 조금 넘는다고 한다. 수분 섭취를 조금 줄이고 있다. 다행히 임신성 당뇨는 아니라고 한다. 만삭이 되니 아내의 배가 다 터서 안쓰럽다고 한다. 크림을 발라주는데도 크게 효과를 보지 못한다. 어느 날 새벽에 아내가 앓는 소리를 해서 기영 씨는 잠에서 깨어났다. 아내가 배가 아프다고 했다. 진통이 시작된 것 아닌가? 아내를 옷을 입히고 분만실을 향해 운전대를 잡았다. 새벽이어서 병원에서는 분만실로 직접 갔다. 당직 원장이 내진을 해보더니 아직 멀었으니까 일단은 집으로 다시 가 있으라고 했다. 진통 간격을 알려주며 그럴 때는 입원해야 되니까 바로 오라고 했다. 그렇게 며칠이 지났다. 아내는 간간이 진통이 있을 뿐 더 이상 진행이 되지 않았다.

기영 씨는 회사에 가야 하기 때문에 마음이 놓이지 않아서 장모님께 오셔서 계시기를 부탁을 드렸었다. 장모님이 함께 계셔 주시니까 마음이 놓였다. 회사에 출근해서 일하고 있는데 장모님한테 전화가 왔다. 아내가 진통이 시작된 것 같다고 말이다. 기영 씨는 회사 업무를 다른 사람에게 맡기고 바로 집으로 향했다. 아내는 지난번에 아팠던 진통하고는 달라 보였다. 이번에는 왠지 곧 아기가 나올 것만 같았다. 장모님과 아내를 태우고 병원으로 향했다. 분만실에서는 입원 준비를 하고 담당 의사의 진찰을 받았다.

오늘내일 안에 분만할 것이라고 했다. 마음을 단단히 먹어야 했다. 아내의 진통이 점점 강해졌기 때문이다. 점점 조여오는 아내의 진통 간격과 아내의 고통 소리에 힘이 다 빠지는 것 같았다. 그래도 기영 씨는 아내만큼은 아닐지라도 참고 인내해야만 했다. 드디어 분만이 시작되었다. 갑자기 분만실이 어수선하기 시작했다. 여러 명의 간호사와 담당 원장님과 모두 한팀이 되어 힘을 쓰자 아기의 울음소리가 내 귀에 들렸다. 너무 건강한 아들이었다. 아빠에게 탯줄을 자르라고 가위를 주었다. 기영 씨는 떨리는 손으로 아기의 탯줄을 잘랐다. 드디어 엄마 아빠가 되는 순간이었다.

지수 씨는 늦은 나이에 결혼해서 가능하면 빨리 아기를 갖기를 원했다. 노산이기 때문에 걱정이 되었다. 결혼한 지 1년이 지났는데도 임신의 소식이 없어서 내심 걱정이 되기 시작했다. 몸에 좋은 것도 먹고 스트레스도 안 받으려고 애쓴다. 양가 부모님들도 기다리는 눈치지만 소식이 없다. 병원에서는 별 이상은 없으니까 마음 편하게 가지라고 한다. 어떤 일은 간절히 원하고 신경 쓰면 안 되는 것도 있다. 임신의 경우는 마음을 편히 가지고 다른 데 신경 쓰고 지내다 보면 자연스럽게 내게 오는 경우가 있다. 지수 씨도 마음을 비우기로 하고 일상생활을 평범하게 하면서 지냈었다. 어느 날은 유난히 아침에 일어나려면 몸이 말을 듣지 않았다. 감기인가 싶어서 계속 이러면 약을 먹어야겠다고 생각했다. 또 잘 먹던 음식인데 비위가 상하고 먹기가 싫어졌었다. 순간 '임신 아닐까?'라는 생각이 머리에 스쳐 지나갔다. 병원에서는 임신이라고 했다. 남편과 양가 부모님 모두 기뻐해주었다. 지금은 모든 임신 기간이 무난하게 지나고 출산을 앞두고 있다. 잘 분만해서 아기를 건강하게 잘 키우고 싶은 마음뿐이다.

미영 씨는 첫아이가 3살이다. 현재 임신 32주이다. 첫아이 낳고 한 명만 낳으려고 했었는데 첫아이가 너무 예뻐서 둘째의 욕심이 생겼다고 했다. 임신 초반에 입덧이 심해서 많이 힘들었었다. 첫아이가 있는 상태에서의 임신 기간은 몸이 많이 힘들다. 무거운 몸으로 첫아이 돌보랴 집안일 하랴 오후 시간이 되면 몸이 저절로 눕고 싶어진다. 남편은 퇴근 후에 첫아이랑 놀아주고 집안일도 많이 도와준다. 남편도 쉴 시간도 없이 힘들 것이다. 고맙다. 그래도 첫아이가 순한 편이어서 순조롭게 지내는 중이다.

아기용품은 첫아이 때 사용하던 것 사용하면 큰 무리 없이 사용할 것 같아서 따로 준비는 안 했다. 배냇저고리와 우유병 등 첫아이 때 용품을 쓸 수 없는 것만 준비했다. 서서히 막달로 향해가는데 요즘에는 걱정이 많다. 첫아이 때문이다. 출산 후의 첫아이는 친정 엄마가 돌봐주기로 했다. 산후조리원으로 예약을 했다. 산후도우미의 도움을 얻어서 큰아이랑 같이 지내면서 산후조리를 할까도 생각해봤는데 가족 모두가 힘들어질 것 같아 고민을 친정 엄마에게 얘기를 했다. 친정 엄마는 흔쾌히 큰아이를 돌봐주시겠다고 했다. 큰 걱정은 하지 않기로 했다.

엄마와 아빠가 된다는 것은 참으로 대단한 체험이다. 아기를 낳고 키운다는 것은 가장 위대한 일이고 최고의 성취이고 희열이다. 인간으로 살아가면서 이보다 더한 체험은 없을 것이다. 얼마나 감사한 일인가? 아기를 한 명씩 낳을 때마다 나도 부모의 마음을 알게 되고 세상의 이치도 알게 된다.

나이만 먹는 어른이 아닌 진정한 사랑이 무엇이고 고통이 무엇인지 타인의 마음도 헤아릴 줄 아는 넉넉한 마음을 소유한 진정한 어른이 되어가는 것이다. 시대가 아무리 변해도 아기를 낳는 것은 옛날이나 지금이나 기적이고 아기를 사랑하는 부모의 마음만은 천만년이 지나도 변치 않는 유물일 것이다. 지금 와서 생각해보면 내가 두 아들을 안 낳았으면 어쩔 뻔했나 그런 생각을 해본다. 물론 낳고 키우면서 수많은 희로애락이 존재하긴 했지만 그 또한 기쁨이었고 내 인생에서 가장 찬란히 빛나는 시간이었음을 이제는 말할 수 있다.

03

육아

육아는 치명적인 마약이다

아이가 태어나면 집안 분위기는 확 바뀌어 부부 중심의 결혼 생활이 아이 중심으로 바뀐다. 하루가 혼란스럽고 정신없어 내가 밥을 먹었는지도 기억이 안 날 때도 있다. 아기 기저귀며 우유 먹이는 시간도 철저하게 지켜야 되고 그 외의 빨래와 집 안 청소, 식사 준비 등 해야 할 게 너무 많다. 아기가 태어난 지 얼마 안 된 부부를 보면 얼굴에 밥풀도 묻히고 다닐 정도로 정신이 없어 보인다. 아기는 끝없이 울어 대고 아기한테 24시간 매여 있어야 한다. 가족이 한 명 새로 탄생했으니 당연한 일이다.

가족이 보통 가족인가? 세상에서 가장 예쁜 우리의 아가이다. 또 아기용품은 왜 이리 많은지 깔끔하고 심플한 집 안 인테리어는 온데간데없어지고 유아방이 되어 있다. 집 안에 흐르는 음악도 예전과 다르게 클래식이나 아기 정서에 좋은 그런 잔잔한 음악이 종일 흐른다. 방 천장에는 모빌이 춤을 추고 흔들 침대며 기저귀 수납장이며 온통 아기용품으로 집 안이 꽉 찬다.

갑자기 변한 분위기에 당황스럽고 두려움도 앞선다. 내가 잘 해낼 수 있을까? 잘못하여 아기가 아프거나 다치진 않을까? 부부는 누워 있는 아기만 바라보고 있다. 그런데 그 두려움 앞에 누워 있는 아기는 왜 이렇게 예쁜 걸까?

두 눈은 보석처럼 반짝반짝 빛이 나며
오뚝한 코와 복스러운 입술 번쩍이는 이마…
어디 하나 부족함이 없다.

큰아들 출산 후 병원에서 퇴원하고 몸이 아직도 완전하지 않음에도 아기에게 모유를 먹이고 목욕을 시켜 주었다. 밤새도록 잠을 자지 않고 울었다. 밤낮이 바뀌었다고 한다. 밤에 놀아달라고 칭얼댄다. 나는 잠을 잘 수가 없었다. 밤새도록 시달리고 아침 해가 뜨면 아들은 그때서야 잠을 잔다. 밤에 잠을 못 자니까 내 몸은 시간이 갈수록 힘이 들었다. 아기가 왜 잠을 안 잘까 걱정도 많이 되었고 무슨 문제가 있는 건 아닐까? 친정엄마는 밤낮이 바뀌어서 그런다고 했다. 백일이 지나야 제대로 돌아온다는 것이다. 백일이라니 너무 긴 시간이었다.

낮에 아들이 잘 때 나도 같이 자야만 했다. 그때 안 자면 밤새도록 아들을 돌볼 수 없기 때문에 밥 먹는 것도 잊고 자려고 노력했다. 진짜 저녁이 되면 아들의 눈은 더욱더 반짝였다. 흔들 그네를 계속 흔들어주어야 했다. 조금의 게으름도 허락하지 않았다. 몸은 누워서 눈을 감고 발가락으로 흔들 침대를 밀었다. 그네가 쉬면 어떻게 알았는지 바로 칭얼댄다. 남편은 다음 날 직장에 나가야 하기에 도와줄 수도 없었다. 남편 잠자는데 방해될까 봐 방을 옮겨 아들하고 밤새 까꿍 놀이를 했다. 잠을 못 자는 게 눈물이 나올 만큼 힘이 들었다. 아들은 예쁘지만 눈물은 계속 흘렀다. 예쁜 아기를 얻는 대신 대가가 너무 컸다.

어느 날이었다. 그날은 낮이었음에도 아들은 잠을 안 잔다. 밤에도 안 자고 낮에도 안 잤다. 이건 약속이 틀리잖아… 벽에 머리를 부딪치며 울었다. 너무 몸이 힘들어서 울면서 남편한테 전화를 했다. 죽을 만큼 힘드니까 지금 조퇴하고 집으로 와 달라고 말이다. 한참 시간이 지나 헐레벌떡 남편이 달려왔고 나의 몰골을 보더니 아들을 안았다. 그때서야 잠시 잠을 잘 수 있었다. 그 이후 많은 시간을 고통 속에 지냈고 드디어 그날이다!!! 백일이 되었다. 그런데 진짜 백일이 지난 그다음 날부터 신기하게도 밤에 잠을 잘 잤다. 세상에 이런 일이 있다니 놀랍기만 했다. 30여 년이 지난 지금도 그때 생각하면 고개가 가로저어진다. 그 이후로도 육아의 고통은 계속되어 몸과 마음이 많이 아팠었다.

부부가 같이 하면 육아는 천국이 된다

요즘 젊은 부부들 사이에서는 육아 지옥이라고 한다. 그만큼 비껴갈 수 없는 엄청난 일이 되어버렸다. 그래서 둘만 잘 살겠다고 하는 딩크 세대도 등장한다. 내가 아는 지인도 30년 전에 아기가 안 생긴 것인지 아니면 의도적으로 안 갖는 것인지는 모르지만 그 당시에 둘만 살겠다고 선언했었다. 부부는 계절마다 여행 다니고 재산도 어느 정도 축적해놓고 그럭저럭 잘 사는 것 같았다. 30년이 지난 지금도 행복하다고 하는데 왠지 모를 쓸쓸함과 지루함이 느껴진다고 한다. 다른 부부들이 자식 얘기하는 것 보면 부럽기도 하고 쓸쓸함이 같이 존재한다고 했다. 좋은 점이 있으면 아쉬움도 있기 마련이다.

그래도 요즘 남편들은 육아에 진심으로 신경 쓰고 많이 도와주는 것 같다. 아기는 부부가 같이 협력해서 키우면 엄마 아빠의 사랑을 먹고 무럭무럭 성장할 것이다. 예를 들면 목욕은 부부가 같이 하기로 하고 시간을 정해 우유와 기저귀 갈아주기 등 규칙을 만들고 지키면 죽을 만큼 힘들진 않을 것이다. TV에서 연예인 부부 생활하는 것 보면 아내가 촬영을 가거나 일이 있어 나가면 특별한 스케줄이 없다면 남편이 아이들을 밥 먹이고 옷 입히고 유치원에 데려다 주고 살림을 하는 모습도 많이 볼 수 있다. 또 직장인이라면 일찍 끝나는 사람이 아이들 씻기고 먹이고 챙기면 될 일이다.

부부가 지혜롭게 육아를 잘하는 것을 주변에서 종종 본다. 아기를 키울 때는 그 시간이 느리게만 가는 것 같고 멈춘 것 같다. 하지만 자고 나면 아기는 성장해 있다. 옛날 어른들이 한 말이 있다. 아이들 자라듯이 어른도 늙는다면 삶이 굉장히 짧을 것이라고 했다. 그만큼 아이들은 폭풍 성장한다. 지금은 힘들고 죽을 것 같아도 어느새 내 키보다 더 큰 아들이나 딸들이 나의 어깨를 감싸안아줄 것이다.

진아 씨는 5개월 된 딸을 키우고 있다. 지금은 육아 휴직 중이다. 직장을 다니면서 아기를 키우기에는 어디 맡길 데도 없고 또 아기의 자라는 모습을 진아 씨는 직접 보고 키우고 싶어 육아 휴직을 쓰고 있다. 휴직이 끝난 후에는 남편이 육아 휴직을 쓸 계획인데 마음대로 실행이 될지 모르겠다. 요즘 남편들도 육아 휴직을 많이 쓰기는 하지만 막상 쓸려면 이것저것 신경 쓰이는 일들이 적지 않다. 하루를 아기에게 우유 먹이고 기저귀 갈아주고 눈 맞추어서 놀아주고 하는 매일이 반복되는 일이지만 아기가 하루하루 커가는 모습에 예뻐서 힘든 줄도 모른다고 한다. 저녁에 남편이 오면 목욕을 같이 시켜주고 아빠랑 노는 시간이 주어진다.

"어머 아빠 오셨네!!!

아빠 왔으니까 우리 아가 시원하게 목욕할까요?

자기야!!! 목욕물 좀 받아 주세요."

"어!!! 잠깐만 수건 좀 준비해놓고 물 받아줄게!!

자, 우리 공주님!!! 아빠가 시원하게 닦아줄게요.

오늘 엄마하고 잘 놀았나요?

오~!!! 우리 공주님 발이 이렇게 많이 자랐네요."

그사이 진아 씨는 잠시 휴식을 취하고 드라마도 보고 주방일도 하고 있다. 남편도 아기가 태어나고부터는 특별한 일이 없으면 일찍 집으로 온다. 둘이 살 때는 집이 적막했었는데 아기가 태어나고부터는 활기가 있고 사람 사는 것 같아졌다고 부부는 좋아한다. 아기가 엄마 아빠를 알아보는 것 같다고 더욱 신이 났다. 주말이 되면 아기를 데리고 친정이나 시댁에 나들이를 간다. 부모님에게 아기가 잘 크는 모습을 보여드리고 싶어 가능하면 방문을 한다. 부모님이 아기를 보는 동안 진아 씨는 잠시 휴식을 취한다. 맛있는 것도 해주시면 수다도 떨면서 스트레스를 풀곤 한다. 또 남편이 연차를 낼 때는 예방 접종을 맞으러 병원에 같이 간다. 진아 씨는 남편과 함께 육아를 하니 크게 힘들지는 않다고 한다.

아이를 키우면서 한고비 한고비 넘기다 보면 성인이 되어 있다. 아기가 태어나서 우유 뗄 때까지가 한고비이고 유치원 들어갈 때까지가 또 한고비이다. 초등학교 저학년까지 부부 몸이 바쁘다. 고학년부터는 몸은 어느 정도 편해지는데 정신적으로 신경이 좀 쓰여진다. 학업은 어떤지 적성은 어떤 게 맞는 건지 친구들 관계는 괜찮은지 이런저런 고민도 생기는 시기이다. 또 고3 때는 얼마나 마음을 많이 써야 할지 아이 부모 할 것 없이 예민해져 있다. 대학 입학 후부터는 웬만한 친구들은 자기가 알아서 모든 일을 처리한다. 하나의 인격체가 탄생하는 순간이다. 아이 나이 20세 그때 육아는 졸업한다. 고생한 내 자신과 배우자에게 수고했다고 한마디 해주자. 하지만 가만히 배우자 얼굴을 살펴보니 옛날 젊음이 넘치던 모습이 아닌 중년의 아줌마 아저씨의 모습에 서로 놀랄 것이다. 육아에 집중하느라 강산이 몇 번 바뀌었어도 모르고 살아 왔으리라. 이 모습이 우리 부모님들 모습이다. 나이 들면 얼굴에 괜히 주름살이 있는 것이 아니다. 나의 모든 것을 내어주고도 더 못 주어서 마음 쓰는 것이 부모의 마음이다. 부모는 아낌없이 주는 나무이다.

04

친구와의 관계

친구보다 배우자가 우선이다

친구라는 존재는 나의 어린 시절은 물론이고 나이가 들어서도 함께 가야 할 소중한 존재이다. 어린 시절의 한순간 한순간의 소중한 추억이 쌓여 있고 나의 장단점을 누구보다도 잘 알고 있는 가족과 같은 존재이다. 시간이 날 때마다 만나서 식사도 하고 차도 마시면서 일상생활의 피로를 풀곤 했었다. 돈도 같이 모아서 여행도 다니면서 많은 추억을 가지고 있다. 하지만 결혼할 나이가 되어 같이 동고동락하던 친구들이 한 명 두 명 씩 결혼을 하고 가정을 가짐으로써 예전만큼 만나는 횟수도 줄고 친구 한 번 만나려면 계획을 짜야지 만날 수 있게 되었다. 그럼에도 불구하고 결혼했는데도 결혼 전처럼 밤낮없이 친구들을 만나고 여행을 다니며 결혼 생활에 지장을 주면 배우자가 좋아할 리가 없다. 시대가 아무리 발달했다고는 해도 서로 결혼 생활이 우선시되어야 할 것이기 때문이다.

또 친구들의 관계도 여자인데 남자친구가 있을 수도 있고 남자인데 여자친구가 있을 수도 있다. 이 이성 친구에 대해서는 민감한 부분이라서 당사자가 매사의 행동을 확실하게 해야 한다. 배우자가 바라볼 때는 처음에는 별 이상 없이 볼 수 있지만 당사자가 애매한 행동을 취하면 오해받을 수도 있기 때문이다. 어디까지 어떻게 처신할 것인지 선을 그어서 배우자의 오해가 없도록 노력해야 한다. 남녀 사이는 알다가도 모를 일이 자유롭게 펼쳐지기 때문에 예측 불가이다. 가끔씩 친구들 모임이나 약속을 정하고 배우자에게 미리 알리고 친구들을 만나서 재미있게 지내다 오는 것은 큰 문제가 없을 것이다. 배우자에게 알려주지도 않고 밤늦게 들어온다든지 멋대로의 행동은 서로의 결혼 생활에 갈등을 초래할 수 있으므로 배우자에 대한 기본적인 예의는 지키는 것이 좋다.

친구도 세월과 환경따라 변한다

결혼을 하고 아이를 낳아 키우고 살다 보면 몸이 두 개라도 부족 할 때가 많아서 친구를 결혼 전처럼 자주 만나거나 여행을 갈 수 있는 여유가 없는 건 사실이다. 또 결혼 안 한 친구가 많다면 나는 육아에 시댁 일과 직장일까지 할 이야기가 많지만 결혼 안 한 친구는 혼자 살면서 있었던 일들로 이야기거리가 가득할 것이다. 서로 이야기 주제가 많이 달라서 관심이 없어지고 만남이 줄어들 수도 있다. 안타깝지만 자연적으로 나와 비슷한 환경을 가진 사람과 친분을 갖게 되고 새로운 친구를 필요로 하게 된다.

출산을 했을 때는 산후조리원에서 만난 아기 엄마들하고 동기가 되어 만남을 이어가고 아이가 유치원을 가면 유치원 엄마들하고 친분이 생긴다. 또 학교에 입학하면 학부모들과 교류를 하게 되고 그러다 보면 결혼 전에 친구들은 일 년에 몇 번 못 만나는 상황이 되기도 하고 영영 연락이 끊어져서 서로 어떻게 살고 있는지조차 모를 수도 있다. 원하지 않는 이산가족이 생긴 것이다. 예전에 동창 찾는 사이트가 한때 전국적으로 붐이었을 때가 있었다. 아이들 다 키우고 중년이 되어가는 동창과 친구들의 소식은 그야말로 희열을 느낄 정도로 기쁜 일이었다. 많은 사람들이 동창과 친구들을 만나서 기쁨을 누린 것으로 안다. 나의 삶의 형태에 따라서 친구 관계는 변한다.

나의 경우도 아이 낳고 살다 보니까 친구들하고 친하게 지내지 못한 것 같다. 아이가 유치원 가면 유치원 엄마들하고 친구가 되었고, 학교를 가면 학교 엄마들하고 친구가 되었다. 이내 나의 친한 친구들은 몇몇만 남았고 나머지는 연락이 안 되는 친구들이 많다. 중년이 되어버린 지금은 그 옛날 둘도 없이 친했던 친구도 보고 싶다. 아이들로 인해서 만난 친구들도 시간이 몇십 년 흐르면 유대감이 남다르긴 하지만 그 옛날 학창 시절에 동고동락했던 친구들은 또 다른 깊은 유대감으로 추억이 새록새록 생각이 나면서 미소를 짓게 만든다. 얼마 전에는 초등학교 때 친하게 지냈던 친구의 소식을 듣고 통화를 하게 되었는데 40년이 지났음에도 서로 이름을 부르며 반가워하는 우리들의 모습을 보았다. 마치 어제 만난 것처럼 말이다. 이것이 진정한 친구 아닐까?

요즘 젊은 부부들은 SNS를 통해서도 새로운 친구들을 많이 만난다. 나와 생각이 같고 취미가 비슷한 부부들을 만나 육아를 같이 공유하기도 공동 육아도 하면서 육아의 피로를 풀기도 한다.

결혼을 해도 친구 관계를 소중히 여기고 관심을 가지고 결혼 생활과 같이 가져갈 수 있도록 노력하면 소식이 끊겨서 몇 십년 후에 만나는 안타까운 일은 없을 것이다. 이 친구 저 친구 해도 어릴 때 친구가 제일인 것이다. 또 친구 부부와 같이 친하게 지내는 부부들도 많다. 같이 아이도 낳아 키우면서 이런저런 경험을 같이 공유하며 어려운 일은 서로 도와주고 기쁨은 같이 나누며 결혼 생활을 이어나간다. 힘들고 고독할 때도 배우자가 아닌 나랑 같은 처지에 있는 또 다른 대상이 있다는 것은 살아가면서 많은 위로가 된다. 물론 힘들고 고독할 때 배우자만큼 큰 힘이 되는 대상은 없을 것이다. 하지만 때로는 배우자가 아닌 다른 사람의 격려와 위로가 필요할 때도 있는 것이다. 그 대상이 친구가 되면 편하고 좋을 것이다.

결혼 생활에 지장을 주지 않으면서 우정도 지켜갈 수 있다면 그보다 더 좋은 일은 없을 것이다. 배우자에게는 좋은 친구임을 언급하면서 긍정적인 소식을 자주 전해주면 배우자도 내 친구에 대해 마음을 열고 관심을 가지고 긍정적으로 대함으로써 나는 언제든지 친구와의 만남을 자유롭게 지속할 수 있을 것이다. 내가 말하는 대로 상대방은 생각하므로 내가 원하는 것이 있으면 좋은 사람임을 돌려서 이야기해주는 것도 하나의 전략이다. 이렇게 이어진 친구의 우정은 중년이 되어서도 외롭지 않을 나의 동반자가 되어줄 것이다.

05

집안일 분배

끝이 안 보이는 집안일

자라온 환경이 다른 두 사람이 같은 공간에서 살아가기 시작하면 좋은 점도 있지만, 하기 싫어도 꼭 해야만 하는 일들이 있다. 부부 사이가 안 좋아지는 이유 중 가사일 분배가 1위를 차지한다고 한다. 부부 갈등의 씨앗이기도 하다. 부부가 둘이서 의식주를 함께하면서 생기는 불편하고 맞지 않는 부분이 분명 존재한다. 결혼하게 되면 예전에는 부모가 다 해주었을 일도 모두 내가 하지 않으면 안 된다. 매일 식사를 해야 하고 빨래도 계속 나오고 집안 청소도 해야 한다. 하지만 부부가 둘 다 직장을 다니면 시간도 없고 체력도 안 된다. 집안일은 점점 많아지고 부부 사이는 불만이 쌓여간다. 직장에서 늦게라도 퇴근하는 날이면 밥 먹을 시간도 없이 저녁 시간이 흘러가버린다. 아이들이라도 태어나면 집안일은 몇 배로 늘어난다. 목욕도 시켜야 되고 먹이고 입히고 재우고 놀아주기도 해야 한다. 사랑하는 자식이니까 당연히 부모로서 해야 하는 부분이다. 우리 부모도 그렇게 우리를 키웠을 것이다.

주변에 보면 가사일로 부부싸움을 하는 경우를 많이 본다. 모양만 성인이지 어린이들의 싸움과 크게 다르지 않다는 것이다. 내가 두 가지 일을 했는데 배우자는 한 가지 일만 했다면 나만 손해 보는 것 같아 기분이 좋지 않다는 것이다. 상대방도 두 가지 일을 해야지 기분이 덜 나쁘다.

꼭 5대 5로 집안일을 해야 기분이 나쁘지 않다. 같이 경제 활동을 하니까 동등하게 하고 싶은 마음일 것이다. 서로 손해 보지 않으려고 저울질을 한다. 내가 조금 희생하지 내가 조금 더 해야지라는 배려심은 없는 듯하다. 너는 너, 나는 나인 것이다.

내가 아는 결혼 20년 차인 지인도 남편과 가사일로 대치 중이다. 아이는 없고 부부만 산다. 남편은 회사원이고 아내는 체력이 약해 시간제 아르바이트를 한다. 남편은 아침에는 회사에서 아침을 주기 때문에 물만 마시고 출근한다고 한다. 아내도 아침에 출근해서 오후 2시 30분이면 집에 도착한다고 한다. 체력이 약한 탓에 기진맥진해서 집에 들어온다고 한다. 낮잠을 조금 자야 체력이 회복이 되어 저녁식사를 준비할 수 있다. 낮잠을 조금 자고 침대며 주방 설거지며 왔다 갔다 하며 집안을 치우고 저녁 준비를 한다. 남편 올 시간에 맞추어서 식탁에 밥을 차려놓는다.

남편이 도착하면 식사를 하고 남편은 쇼파로 가서 티브이를 본다고 한다. 아내는 식탁을 정리하고 설거지를 하고 주방 정리하는 데 시간이 지나버린다고 한다. 조금의 시간이 남으면 쇼파에 앉아서 TV 보다가 잘 시간이 되어 잠을 잔다고 했다. 빨래도 분리수거도 음식물 쓰레기 처리도 모두 아내가 전적으로 맡아서 한다고 한다. 남편은 식사 준비도 설거지도 하기 싫어한다는 것이다. 일주일에 한 번 청소기 돌려주는 것도 잔소리 끝에 겨우 해준다는 것이다. 퇴근해서 오면 멋지게 차려진 식사를 기대하고 식사가 끝나면 쇼파로 가서 편하게 TV를 본다고 한다. 빨래도 청소도 모든 일을 아내 혼자 하기를 원한다는 것이다. 시간이 지날수록 형평성이 떨어지고 힘이 드니까 자꾸 의견 충돌이 생기고 갈등이 생기고 짜증이 나서 자꾸 싸움 아닌 싸움을 한다고 했다. 아직도 끝나지 않은 현재 진행 중이다. 한 번 하고 안 할 수 없는 것이 집안일인데 매번 잔소리하기도 쉬운 일이 아닐 것이다.

내가 결혼할 때만 해도 아이들 때문에 전업주부로 생활해야 하는 경우도 많았다. 맞벌이 부부의 경우에는 누군가의 도움을 받을 수밖에 없었다. 그 당시만 해도 둘만 낳아 잘 기르자라는 사회적인 분위기였기에 집집마다 두 명의 아이들이 대부분이었다. 간혹 세 명인 경우도 종종 볼 수 있었다. 그런 환경에서 맞벌이라도 하면 아이들은 부모 없이 집에서 방치된 채 키워지는 경우도 봤다. 집안일은 쌓여 있게 되고 퇴근해서 아내 혼자 집 청소며 식사 준비며 아이들 돌보는 일이며 한꺼번에 다 하는 혹독한 시대가 있었다.

지금 생각해보면 그 시대 남편들은 굉장히 편하게 살았다. 직장 퇴근하고 친구들과 지인들 만나서 시간 보내다 늦게 들어와도 아무렇지도 않았던 시대였던 것이다. 주방일과 육아는 당연히 여자가 하는 것으로 보고 듣고 자란 탓이었다. 반면 아내는 모든 집안일과 육아의 짐이 지워져 있었다. 설사 직장을 안 다니더라도 아이들 육아가 얼마나 힘이 들면 주변에 정신적 육체적으로 힘들어 토로하는 아내들이 많았다. 나의 경우도 육아에 지쳐 몸과 마음이 항상 힘들었었다. 너무 힘들어서 남몰래 혼사 눈물도 많이 흘렸다. 이 시간이 빨리 가기만을 기다리며 인내하고 견뎌 내었던 때가 있었다. 지금 생각해보면 후회가 된다. 남편이랑 의논 한번 해보았으면 도와주었을 텐데 나 혼자 해내려고만 했었다. 아쉬움이 많이 남는 지난날이다.

남편이 아내보다 집안일을 더 잘한다

하지만 지금은 어떠한 시대에 살고 있나? 방송에 남자 셰프와 살림하는 남자들이 등장한다. 저마다의 비밀 병기를 가지고 말이다. 육아도 남편들의 비중이 많아지고 청소며 식사며 집안일을 같이 나누어서 한다. 이제는 그런 얘기와 모습이 낯설지 않은 시대가 되었다. 얼마 전에 아는 남자 후배와 카페에서 만나 이런저런 이야기를 하다 시간이 어느 정도 지났는데 이제는 집에 가봐야 한다는 것이다. 무슨 일 있냐고 물었더니 오늘 아이들 목욕 당번이라고 한다. 그 시간에 맞추어 가야 한다며 자리에서 일어섰다. 부부가 경제 활동을 같이 하기 때문에 집안일을 나누어서 한다는 것이다. 그 규칙을 어기면 벌칙이 있다는 것이다.

부부 둘 다 직장생활을 하기 때문에 먼저 들어오는 사람이 자기한테 정해진 일을 하면 된다는 것이다. 남편은 집안 청소와 아이들을 씻겨주고 그사이에 아내는 식사 준비를 하면 식사시간에 다 같이 만날 수 있다는 것이다. 주말이 되면 일주일 동안 밀렸던 빨래는 아내가 하고 집안 청소와 욕실 청소는 남편이 한다고 한다. 주말에는 온 가족이 모였으니까 한 끼 정도 외식이나 배달 음식으로 대체한다고 한다. 이렇게 규칙을 정해서 하니까 서로에 대한 큰 불만없이 아이들도 잘 크고 맞벌이로 경제적으로도 풍요롭고 부부간의 사랑도 지킬 수 있다고 이 방법을 추천한다고 한다.

누군가가 혼자 혹독하게 고생하지 않는다. 누군가는 식사 준비를 하면 상대 배우자는 설거지를 한다. 당번을 정해 확실한 규칙을 정하면 흐지부지되는 것을 예방할 수 있다. 나의 경우도 30년 집안일을 하다 보니 이제는 몸이 아파서 주방만 봐도 고개가 가로로 저어진다. 몇 년 전에 가족들 앞에서 내가 너무 힘드니까 집안일 좀 도와 달라고 부탁했었다. 가족들도 그동안 고생했다고 하며 적극적으로 도와주겠다고 했다. 장을 볼 때 무거운 것 부피가 큰 것은 남편과 함께 가서 사 온다. 예전에는 팔이 떨어질세라 양팔에 바리바리 들고 다녔다. 음식은 나 혼자 준비하고 아이들하고 남편이 식탁에 음식을 차린다. 식사를 마치면 남편이 설거지를 해준다. 그정도만 해주어도 아픈 팔이 한결 가벼워진다.

결혼 생활 하다 보면 각자의 개성과 잘하는 일이 있다. 나는 남편이 이렇게 집안일을 잘하는 사람인지 몰랐었다. 진작에 알았으면 더 많이 부탁할 걸 그랬다. 남편은 남자지만 성격이 꼼꼼해서 정리정돈을 잘한다. 설거지도 그릇이 일렬로 멋지게 각을 지어 물이 빠지도록 가지런히 엎어져 있고 씽크대 하수구도 솔로 빡빡 깨끗이 닦아준다. 일주일에 두 번 세탁기도 남편이 돌리고 빨래를 여자인 나보다 더 예쁘게 개어놓는다. 또 의외로 요리도 잘한다. 거의 대장금 수준이다. 어디 그뿐인가? 분리수거도 깨끗이 세척해서 가지런히 정리해놓았다가 수거하는 날 내어놓는다.

그런데 어느 날 보니까 남편이 팔목에 파스를 붙이고 있는 게 아닌가? 팔이 아프냐고 물었다. 괜찮다고 한다. 속으로는 많이 놀랐을 것이다. 이 모든 일을 자기 팔목 반밖에 안 되는 팔목으로 30년을 아이들 키우고 그 살림을 다 했을 나를 생각하며 파스를 붙이지 않았나 싶다. 뭐든지 본인이 직접 체험을 해야 상대방을 이해할 것이다. 지금은 대충하라고 한다. 몸이 상하면 무슨 소용이랴. 집안일이란 것이 원래 해도 해도 티 안 나는 마술을 부린다. 사람 몸만 상하게 한다. 적당하다라는 단어를 여기에 쓰고 싶다. 생활하는 데 불편하지 않을 정도로만 집안일을 하면 된다고 생각한다.

서로 상대방을 잘 파악하고 의논을 해서 각자 잘하는 것의 목록을 만들고 분배의 규칙대로 부부가 실행한다면 한 사람이 고통받으며 다 해내는 일은 없을 것이다. 배우자의 힘듦을 알아주고 도와주겠다는 마음이 동반되어야 쾌적한 집안이 될 것이다. 나만 희생하는 것 같고 무 자르듯이 계산하고 손해 안 보려고 하는 마음을 가지면 서로 갈등만 생긴다. 일단 결혼을 하면 나 아닌 타인을 돌본다는 마음이 밑바탕이 되어야 한다. 그것이 바로 사랑이다.

- 3장 -

행복한 부부로 사는 법

01

나와 다름을 인정하자

너무도 다른 우리

지구상의 모든 사람들의 얼굴을 보라!!! 단 한 명도 같은 얼굴을 하고 있는 사람은 없다. 신기하다. 어찌하여 그 수많은 사람들의 얼굴이 다 다를 수 있을까? 신이 대단하다는 생각이 든다. 더 이상 새로운 디자인의 얼굴이 나올 것 같지 않은데 매일 매시간 매초마다 새로운 얼굴이 태어난다. 어찌 이런 일이 있단 말인가? 또 행동도 걸음걸이도 성격도 다 다르다는 것이다. 각자의 개성과 독특함을 가지고 태어난다. 이런 개성과 독특함은 단체 생활 하는 데 불편하기 때문에 지적을 하고 사회생활과 단체 생활 하는 데 편하도록 다듬어진다. 틀렸다고 하면서 말이다.

우리나라도 과격한 시대를 거치면서 개인의 개성과 독특함을 마치 잘못된 것처럼 치부하고 남들과 똑같이 빨리 잘하는 사람에게만 최고의 대접을 해주며 살았다. 그것이 일상생활 전부를 차지하고 만연해 있다 보니 남과 조금만 다르게 행동해도 틀렸다는 시선과 지적에 눈치보며 나의 다름은 저 깊숙이 집어넣고 타인이 바라는 거짓된 행동과 생각으로 살아간다. 그런 거짓된 삶을 살다가 내가 누구인지 모르고 삶을 마감하게 된다. 슬픈 일이다. 통탄할 일이다.

결혼 생활에서도 예외는 아니다. 부부는 한곳만 바라보고 가라는 말이 있다. 또 부부는 일심동체라고 한다. 그런데 진짜 부부는 한곳만 바라보고 몸과 마음이 하나여야 할까? 내가 살아보니 그건 틀린 말 같다. 분명히 각각의 개체인데 어떻게 한곳만 바라보고 몸과 마음이 같단 말인가? 결혼 생활 30년이 된 나의 경우도 각자 좋아하는 음식이 다르고 옷 입는 취향도 청소하는 순서도 심지어 욕실에 화장지가 떨어져서 다시 꽂아놓을 때도 다르다. 나는 화장지 끝이 앞에 나오게 하는데 남편은 뒤로 가게 꽂아놓는다.

나는 고슬고슬한 된밥을 좋아하는 반면 남편은 질척한 밥을 좋아한다. 또 걸음걸이도 남편은 빠르지만 나는 조금 느린 편이다. 남편은 아침잠이 없어서 일찍 일어나지만 나는 아침잠이 많아서 늦잠을 잔다. 이 모든 것은 빙산의 일각일 뿐이다. 모든 일상생활권에서 너무나도 다른 우리이다. 옛날에는 저 사람은 왜 저렇게 나랑 틀리지라고 생각한 적이 있었다. 나는 옳고 남편이 틀린 것이라고 생각했었다. 남편도 자기는 맞는데 아내인 내가 틀렸다고 생각했었다고 고백했다. 그럴 때면 코를 씰룩거리며 서로 자기가 옳다고 재차 얘기했었다. 다행히 우리 둘 다 큰 문제라고 생각할 시간도 없었고 문제 삼지 않고 살았던 것 같다. 남편 성격도 무난한 사람이어서 큰 문제 없이 결혼 생활을 할 수 있었다.

결혼 초에는 서로 틀리고 달라도 크게 문제가 되지 않는다. 사랑이라는 놈이 그들의 눈을 가려놓기 때문이다. 이 시간 만큼은 사랑이라는 놈이 글자 값을 톡톡히 해내는 것 같다. 눈먼 사랑의 유통기한이 다가오면서 배우자의 틀림이 보이기 시작한다.

우리는 휴일이라 운동 삼아 가까운 산에 가기로 했다. 아침잠이 없는 남편은 새벽부터 일어나서 침대에 누워 있는 내 근처에서 왔다 갔다 하면서

"산에 가려면 일찍 갔다가 일찍 와야지. 잠 다 자고 언제 가려고. 가긴 갈 거지?"

"아, 너무 졸립다. 잠 좀 조금 더 자고 10시나 11시쯤 가면 안 돼? 어차피 바람 쐬러 가는 건데 천천히 다녀오자구."

남편은 답답하다는 듯이 거실 의자에 이내 자리를 잡았다. 빨리 움직이지 않는 내가 답답해 보였을 것이다. 우리는 우여곡절 끝에 산밑에 도착했다. 나는 빨리 올라가보자고 보챘다.

남편은 미동도 없이 산 안내도 앞에서 공부 중이다. 나는 저런 지도 보는 것을 즐겨 하지 않는다. 올라가면서 사람들 발길이 많은 곳으로 가보기도 하고 길을 잃으면 물어보기도 하며 약간의 긴장을 하며 가는 것을 좋다고 생각하는 사람이다. 현대 생활하면서 길 잃을 일이 얼마나 있을까? 길 좀 한번 잃어봤으면 좋겠다고 생각하는 나다. 반면에 남편은 안

전하게 지도를 숙지하고 지도가 시키는 대로 가서 원하는 위치가 나오면 안심을 하고 쾌감을 느끼는 사람이다.

"이쪽으로 올라가나 보네. 사람들이 많이 가는 것이. 그냥 빨리 가보자구요."

언젠가 아이들 어릴 때 남편 없이 아들 둘을 데리고 가까운 산에 간 적이 있었다. 우리는 길을 잘 몰랐고 무작정 올라갔다. 가는 길이 험하고 사람도 없는 곳으로 무작정 올라갔다. 문득 무섭다는 생각이 들었고 아이들도 내가 느끼는 두려움을 느낀 듯이 볼멘소리 없이 발길을 재촉했다. 우리는 한동안 아무 소리 없이 제대로 갈 수 있을까? 그런 두려움만이 우리를 엄습하는 가운데 얼굴은 모두 굳어 있었다. 아이들이 풍요로움과 안락한 삶에서 살다 보니 긴장이라는 것을 해본 적이 없었을 것이다. 아이들의 긴장된 모습을 보니 미소가 지어졌다. 나의 깊은 내면에선 "그래. 사람은 이렇게 살아보기도 해야 돼." 우리는 드디어 정상에 도착하고 많은 사람들을 볼 수가 있었다. 아이들은 그제서야 환희에 찬 얼굴로 "엄마, 드디어 우리가 해냈어요.", "그래 우리가 해냈다. 고생했다." 지금도 그때 생각하면 미소가 지어진다.

그 느낌을 알기에 산에 오면 나는 무작정 올라가길 원한다. 남편의 지도 보는 모습은 마음에 들지 않는다. 지금은 중년이 되었고 우리가 모험하기에는 체력적으로 소모가 되니 내 방식은 아닌 것 같다. 지금은 남편이 지도를 보고 나를 안내하는 모습이 이제는 안심이 되어 산에 도착하면 남편이랑 같이 지도를 공부하고 있다. 그 사람이 틀린 것이 아니고 다른 것이다. 방법이 다르고 생각이 다른 것이다.

의견이 조금이라도 다르면 서로 틀렸다고 배우자의 모습만 지적하기 바쁘다. 지적을 당한 배우자는 기분이 좋을 리가 없고 갈등이 깊어진다. 스트레스는 쌓이고 서로 불만만 쌓여간다. 이런 과정을 부부는 살아가면서 얼마나 많이 겪으면서 살아야 할까? 이혼하는 사람들의 이유를 듣다 보면 성격 차이라는 이유가 많다. 서로 달라도 너무 다르다는 것이다. 도저히 매시간 매일 부딪치는 경우가 많아 살 수가 없다고 한다. 직장 생활하는 곳에서도 이런 스트레스는 존재한다. 하지만 타인이고 직장이기 때문에 참고 참다가 안 되면 이해하기로 마음을 먹는다. 그래야 마음도 편하고 생존을 이어갈 수밖에 없다는 판단에서이다. 그래서 모든 경제 활동을 하는 사람이면 내가 어찌할 수 없는 부분 때문에 괴로워하며 아침에 무거운 발걸음을 하는 것이다. 하지만 집에서는 얘기가 틀리다. 배우자는 만만한 생각이 들고 지적하면 고쳐질 것 같아서 포기하지 않고 평생 지적한다. 그래도 고쳐지지 않는 경우도 많고 화가 날 대로 난 당사자는 괴로움에 평생 본인만 힘든 삶을 살아가다 황혼 이혼을 선택하기도 한다.

원 플러스 원

결혼 30년이 된 나도 남편이 틀리고 나는 옳다고 생각하며 살아온 세월이 결혼 생활 전부였다고 해도 과언이 아니다. 하지만 최근 몇 년 전에 틀린 것이 아니고 다름을 인정하기에 이르렀다. 상대방이 틀리면 나는 정답이란 말인가? 그 정답은 누가 만들어놓았단 말인가? 그 정답이라고 생각했던 것도 틀릴 수 있는데 말이다. 자기 눈으로 자기 생각으로 만들어 놓은 자기만의 편리함 아닐까? 그것을 상대방이 그렇게 안 했다고 틀렸다고 지적하고 서로 힘들게 살아가면 그것처럼 안타까운 게 없을 것이다. 이기적인 욕심으로 상대에게 요구하는 것이다. 이 요구를 들어주는 상대방은 너무도 슬플 것 같다. 내 의지로 하는 것도 아니고 누가 강요하고 요구해서 반강제적으로 해야 한다면 살아 있어도 살아 있는 게 아닐 것이다. 특히 부부는 한집에 같이 사니까 매 순간순간이 서로의 눈에 다

들어오기 때문에 이러한 갈등이 더욱 어렵게 느껴지는 것이다. 배우자를 틀렸다고 고치려 하지 말자. 처음부터 틀려서 고친다는 생각 자체가 허무맹랑한 생각일 수 있다. 자신도 못 고치면서 배우자를 고친다는 것이 우습지 않은가? 누구 말대로 자기만 잘하면 되지 않을까? 배우자는 아무런 문제가 없는 사람이다. 문제인 것처럼 바라보는 당사자가 문제인 것이라는 것을 인지했으면 좋겠다.

내 방법은 이것인데 배우자 방법은 저것이라고 생각하면 쉬워진다.

'나는 이런 방법을 알고 있는데.'
'저 사람은 저런 방법으로 하네.'
'그것도 괜찮은데.'

이런 식으로 받아들이면 서로 편하다. 배우자와 나의 다름을 인정하는 것이다. 남자와 여자 성별도 다르고 얼굴도 성격도 다르다. 한날한시에 태어난 쌍둥이도 다르다는데 부부는 다른 것이 당연한 것 아닌가 말이다. 그런데 신기한 것이 있다. 부부가 오래 살면 그렇게 다르다고 했던 사람들이 얼굴도 닮아가고 성격도 행동도 닮아간다는 것이다. 젊은 날에는 그렇게 닮지 않아서 싸우고 갈등을 겪고 힘들게 했던 부분들이 중년으로 접어들수록 너무 닮아 있는 모습에 서로 놀라워한다. 우리 부부도 원 플러스 원 부부가 되었다. 가느다란 눈매도 동그란 얼굴도 걷는 모습도 멀리서 보면 쌍둥이 같이 닮아 있다.

이런 상황에서도 끝까지 닮지 않는 부분이 존재한다. 그건 진짜 다름이기 때문이다. 그것은 그 사람의 개성이고 타고난 본능이기 때문이다. 그 부분은 서로가 주어야 할 '존중'이라는 최고의 선물을 주어야 한다고 생각한다. 그 긴 세월과 생존에서의 사막에서조차 지켜낸 최고의 마지막 보루이기 때문이다. 축하해주어야 한다. 지켜주어야 한다. 배우자로서 말이다. 그것이 평생 같이 살 사람과 살아낸 사람의 배우자로서의 예의가 아닐까 한다. 이제부터 틀리다고 말하지 말고 다르다고 얘기하자. 이 힘든 세상 생존하면서 살아가기도 어려운데 행복하고 즐거운 집이 되어야 할 공간에서 서로 아웅다웅하며 상처 주고 시간을 낭비할 필요가 있을까 말이다. 세월이 지나고 보면 아무것도 아니라는 것을 알게 될 것이다.

02

자녀보다 배우자를 더 사랑하자

시작도 끝도 부부만이 남는다

아이가 태어나면 자식이니까 아이한테만 신경 쓰고 싶은 마음이 많이 들 것이다. 배우자에게는 자연적으로 신경이 덜 쓰이고 대화의 주제도 아이에게 집중되어 온통 아이 얘기만 한다. 평생 경험해보지 못한 내 자식이 눈앞에서 재롱을 부리고 엄마 아빠라고 부르면 먼저 챙겨주고 싶고 안아주고 싶다.

하지만, 우리는 배우자를 먼저 더 많이 사랑해야 한다. 우리 가정의 시초는 우리 두 사람이고 아이는 손님처럼 우리에게 잠시 왔다가 떠날 것이기 때문이다. 아이를 키우고 사랑하는 일은 장기적으로 긴 시간을 필요로 한다. 그 긴 시간 속에서 손님임을 잊을 때가 많지만, 다시 정신을 차려서 서로 배우자만을 바라봐야 된다. 아이는 어릴 때는 부모가 전부이지만 초등학교만 가더라도 부모가 다가가기라도 하면 불편해하며 시큰둥한 표정으로 대한다. 이제는 부모가 크게 필요치 않은 것이고 자꾸 참견하고 지적하는 대상으로만 보기 때문에 무관심해주기를 바란다.

나의 경우도 아이 둘을 낳고 보니 아이들이 너무 예뻐 아이들한테만 푹 빠져서 지냈다. 물론 육아 자체가 힘들고 고된 일이었고 남편을 바라볼 여유가 없었던 건 사실이었다. 그러나 남편은 나랑 다른 생각을 가지고 있다고 생각을 들게 한 일이 있었다.

어느 해 겨울 큰아이가 다섯 살 정도 되었을때 눈썰매장을 가게 되었다. 넓은 눈썰매장은 어른 아이 할 것없이 소리를 지르며 높은 곳에서 썰매판 위에 몸을 싣고 저 밑에까지 타고 내려오면 누구나 환호성이 나온다. 나는 위험하고 스릴 있는 것을 좋아하지 않는다. 그래도 썰매장 안까지 들어왔으니까 남편이 한 번만 타보라고 계속 재촉을 해서 무섭지만 큰 용기를 내서 타기로 했다. 큰아이랑 나란히 각자 썰매 위에 올라타고 무서움을 무릅쓰고 조심스레 내려갔지만 우리들의 썰매는 가속도가 붙어서 아들은 아들대로 나는 나대로 거침없이 달리기 시작했다. 남편은 밑에서 우리를 바라보며 긴장한 모습으로 우릴 받을 준비를 하고 있었다. 머리가 휘날리며 얼굴의 볼이 울퉁불퉁 울리고 썰매가 돌아가며 남편을 향해 돌진하고 있었다.

아들과 나는 거의 비슷하게 도착했다. 그런데 거기서 남편이 아들이 아닌 나를 아주 대견하다는 듯이 받아주는 게 아닌가? 순간 "이 사람이 아들을 받아주어야지 나를 받아주다니." 화가 났지만 뭐라고 하지는 못했다. "아, 이 사람 머릿속에는 아내인 나밖에 없구나…." 고개가 숙여졌다. 얼떨결에 진심을 알게 된 후로는 남편에게 더 잘하려고 생각했었고 30년이 된 지금도 그 마음을 잊지 않고 살고 있다. 이제 아이들도 다 커서 독립할 때도 되었고 나도 아이들한테 가 있었던 사랑이 남편에게 옮겨가고 있었다. 밤하늘의 수많은 별처럼 남편만을 사랑하고 돌보며 살아갈 것이다. 남는 것은 우리 둘뿐이니까… 처음 시작도 둘이서 했고 그 끝도 둘만이 남는다.

아이들도 엄마 아빠가 서로 사랑하고 챙겨주는 모습을 보고 자란 아이들은 정서적으로 안정감은 물론이고 행복한 가정에 대한 기본기가 생긴다. 아이들의 교육을 위해서도 배우자를 더 사랑하고 챙겨야 되는 것이다. 배우자와의 관계는 무시하고 아이들만 더 챙겨주고 지나친 사랑을 주었을 때는 아이들이 독립하면 서먹서먹한 부부 관계만이 남는다. 아이들을 키울때는 서로 바쁘고 무관심하게 살다가 아이들도 없는 상황에서는 서로 낯선 관계만이 남는 것이다. 그래서 요즘 황혼 이혼도 증가하게 되고 졸혼이며 별거라는 말이 나오는 이유이다. 공동의 목표인 아이들이 다 커버려서 부부가 같이 있어야 할 이유가 없어진 것이다. 아이들을 낳고 키우려고 결혼한 건 아니지 않는가? 배우자와 행복하게 살기 위해 결혼을 한 것 아닌가? 그런데 아이들 다 컸다고 헤어지는 건 아닌 것이다.

요즘은 평균 수명이 옛날보다 많이 높아졌다. 아이들 독립시키고도 배우자랑 살아야 하는 시간이 그동안 결혼 생활 한 만큼이나 또 남아 있다. 사람마다 사정이 있고 가치관이 다르므로 배우자와의 관계를 잘 유지하고 관리해야 한다. 모든 인간관계가 그렇듯이 부부 관계도 때로는 화가 나기도 하고 때로는 밉기도 하다. 살면서 얼마나 많은 반복을 하겠는가? 사실 그것이 사람 사는 모습이고 인생이다. 뭐 인생이 그리 특별한 것 있었던가 말이다. 한 사람 한 사람에게 물어보라. 억울하지 않은 인생은 다 없다고 한다. 각자가 저마다의 기가 막힌 사연이 다 있다고 말한다. 그런데 알고 보면 전체적으로 거의 비슷하다는 것을 알 수 있다. 사람 사는 게 다 거기서 거기라는 것을 알 수 있는 대목이다. 한번 사랑하고 잘 살아보겠다고 맺은 인연 토끼같은 아이들이 바라보고 있다. 자연 속에서 곱게 물들어가는 단풍처럼 아름다움을 뽐내보는 것도 나쁘지 않지 않은가? 모든 역경을 이겨낸 노부부의 모습을 보라. 그들은 많은 말을 하지 않는다. 말하지 않아도 안다. 뿌리 깊은 나무라는 것을 말이다.

열심히 사는 부부의 모습이 자녀 교육

요즘 현실은 어떤가? 모든 엄마들은 자식을 영원히 가족으로 생각하고 배우자에게는 등한시하며 아이한테는 그만 주어도 되는 사랑을 무한대로 주고 있다. 아이는 자기만을 사랑해주길 원하지 않는다. 더 이상 나에게 관심이 없었으면 좋겠다는 아이들이 너무 많다. 학교생활부터 학교성적은 물론이고 학원 수강 관리 심지어는 친구 관리까지 아이 생활 깊숙이 파고들어 아이에게 정서적으로 불만만 쌓이게 한다. 자식을 잘 키우고 잘되기만을 바라는 부모의 마음을 왜 모르겠는가? 세계 교육열 1위인 우리나라이다. 하지만 시대가 많이 변했다. 공부만 잘한다고 성공한다는 보장이 없다. 엄마 아빠가 열심히 사는 모습을 보이면 아이들은 저절로 자기 할 일을 스스로 하는 마법의 일이 일어난다. 공부하라고 안 해도 숙제하라고 안 해도 때가 되면 책상에 앉아 있다. 또 엄마 아빠가 사이가 좋으면 이다음에 나도 결혼하면 엄마 아빠처럼 살아야지라고 생각하며 자란다. 사람은 본대로 자라온 환경대로 생각하기 때문이다.

결혼 15년 차인 현숙 씨는 두 아들 교육에 푹 빠져 있다. 아침에 아이들 깨우는 것에서부터 학교 보내기까지 아이들 아침식사 준비에 새벽부터 일어나서 시리얼과 빵 계란 후라이를 준비하고 어제 준비해둔 교복과 오늘 학원 스케줄까지 완벽하게 준비되어 있다. 아침부터 정신없이 아이들 보내기 바쁘다. 남편은 아이들 틈새에 끼어서 아침 시리얼을 먹는 둥 마는 둥 하고 출근한다. 아이들 보내놓고 현숙 씨는 아이들 친구 엄마들하고 학원 정보를 공유하며 통화를 한다. 조금 지나면 방학을 하니 학원 특강이라도 들어야 할 것 같다. 특강비는 평소 학원비보다 두 배 세 배에 가깝다. 이번 달 생활비라도 아껴서 기필코 아이들 특강을 듣게 해주고 싶다. 두 아이들이 두 과목씩만 들어도 몇 달치 생활비를 다 써도 모자랄 것 같다. 그래도 특강이고 이번 방학에는 확실하게 성적을 올려놔야 다음 학기가 편안해질 것 같다. 그런데 학원을 가보니 성적이 되어야 특강을 수강할 수 있다고 한다. 아이들의 성적이 특강을 들을 수 있는 성적이 아니기 때문이다. 고민이 생긴다. 특강을 듣기 위해 과외를 해줘야 할 것 같기 때문이다. 이번 방학에 성적을 못 올리면 앞으로 상위권 성적으로 진입하기 어려울 것 같기 때문이다. 현숙 씨는 지금 과외를 알아보고 있다.

남편은 은행에 다니고 있다. 요즘 은행은 옛날과 다르게 지점을 줄이고 있다. 시대의 흐름에 따라 온라인 업무가 많다 보니 지점이 많이 필요치 않기 때문이다. 그러다 보니 희망 퇴직이라는 말이 자연스럽게 다가오고 있고 거기에 따른 생각과 고민이 많아졌다. 옛날에는 몇 달치 급여와 1년 치로 계산한 퇴직금을 주었지만 지금은 한꺼번에 꽤 큰 목돈을 지급한다는 것이다. 어떻게 결정을 해야 할지 결론이 나지 않는다. 아침에 셔츠 입으려고 보면 준비가 안 된 경우도 있어서 며칠 전에 입었던 셔츠를 시간에 쫓겨 대충 입고 나간다. 회사에서도 간단하게 대충 점심을 먹고 시간이 갈수록 스트레스와 피곤이 누적되어 사는 게 힘들게 느껴진다. 현숙 씨와 남편은 한집에 살지만 각기 다른 생각과 고민을 하고 있다.

아내만이 배우자보다 아이한테만 관심이 집중된다고 생각하면 안 된다. 남편들도 아내보다 아이한테 더 애착을 느끼고 자나 깨나 아이한테 올인하는 남편들도 생각보다 많다. 자영업을 하는 A 씨도 가게 일을 하면서 수시로 아이들 먹거리며 세상 살아가면서 알아야 할 일들을 수시로 가르치고 있다. 또 필요할 때는 학원 픽업을 하며 아이들이 생활하는 데 불편함이 없도록 항상 신경 쓰고 있다. 아내가 있음에도 아내가 아이들한테 하는 것이 믿음이 안 가기 때문에 본인이 직접 신경 쓰고 있는 듯하다. 아내의 설 자리가 없을 것 같다. 남편이 다 해주니 부족한 엄마인 것 같아 마음이 늘 편하지 않다.

물론 아이들을 제대로 키우는 것이 부부의 공동의 목표인 것은 확실하다. 당연히 아이들을 잘 보살피고 옳은 길로 가도록 도와주어야 한다. 하지만 어느 한쪽으로 과잉된 관심과 행동은 양쪽 다 균형을 잃어 부작용이 나올 수 있다. 본체인 부부 관계를 튼튼하게 해놓으면 나머지는 저절로 튼튼해진다.

우리 집은 휴일이면 남편은 아침 일찍 집안일을 시작한다. 본성이 부지런한 사람이다. 내가 해도 되는 일이지만 남편이 하고 싶어하는 것 같아 그냥 바라본다. 그 일마저 내가 못 하게 하면 아파트 생활하면서 집안일을 할 수 있는 게 한정되어 있기 때문에 부지런한 남편 성격상 지루해 할 수도 있다는 걸 나는 잘 안다. 전원주택이나 일반 주택에 살면 집 안팎이 할 일이 많아서 지루할 틈이 없을 것이다.

"여보! 빨래 이것만 하면 되는 거지?"

"잠깐만요! ○○이 바지도 빨아야 되는데… 상 차려요. 점심 먹게요. 오늘 점심은 곤드레밥입니당!"

"오! 맛있는데! 곤드레와 달래가 맛있는데."

"눈이 떠질 거예요, 여보! 산책 나가요."

우리는 쌍둥이 같다. 아들들은 우리의 모습을 하루종일 지켜보면서 가느다란 눈을 살며시 뜨며 말이 없다. 나중에 큰아들이 입을 열었다.

"우리 엄마 아빠처럼 사이좋은 부모님은 거의 없어요. 주변 친구들 부모님 얘기를 들어봐도 거의 남남이래요. 엄마 아빠는 사이좋은 부부 상위 1%에 해당되죠. 진짜 그건 인정해요."

오! 아들한테 최고의 찬사를 들었다. 우리는 어깨가 으쓱해졌다. 그리고 더욱더 상대를 배려하게 되었다. 모양만 중년이지 마음은 어린이 같다. 칭찬 들었다고 바로 기분이 좋아진다.

서로의 배우자에게도 사랑과 관심을 가지고 집안일을 의논하고 계획해야 된다. 아이들 키우는 중간중간에라도 둘만의 시간을 가지고 쇼핑도 같이하고 시원한 맥주도 마시며 세상 살아가는 이야기하며 시간을 보내는 것도 좋다. 우리 부부는 요즘에는 야외로 드라이브를 자주 간다. 맛있는 음식도 먹고 여행도 자주 다니며 자연의 정취에 시간 가는 줄 모른다. 마트도 같이 가고 병원도 같이 간다. 아이들 다 키워놓고 둘만을 생각하며 지내는 시간이 얼마나 행복한지 아들들도 응원하고 지지해준다. 지금 이 순간이 영원하길 바라면서 말이다.

03

적당하게 무심하자

집착은 서로 피곤해

서로 사랑하고 관심이 많아 평생 같이 살고 싶어 결혼한다. 결혼 초에는 얼굴에 조그만 먼지 하나도 놓치지 않고 떼어준다. 그 시간이 지나면 조금씩 관심이 줄기 마련이다. 결혼은 따로 존재하는 것이 아니다. 사는 사람이 바뀌었을 뿐이다. 아침 점심 저녁의 생활은 그대로 존재한다. 그 관심이 조금 소홀해지면 사랑이 식었다느니 하며 볼멘소리를 하기도 한다. 사랑을 표현하는 방식이 바뀌었을 뿐이지 사랑이 없는 건 아니다. 30년 40년 살아온 부부들도 사랑이 없을 수도 있지만 그 사랑의 잔재는 남아 있다. 깊은 뿌리가 되어 드러나지 않을 뿐이다.

그 수많은 나날을 사랑 타령만 하며 살 순 없다. 가정을 꾸리게 되면 신경 써야 될 부분도 많기 때문이다. 사랑이라는 이름으로 배우자의 일거수 일투족을 예의 주시하며 신경 쓰면 힘들 수밖에 없다. 예를 들어 직장에서 회식한다고 미리 얘기를 했는데 몇 시에 오냐며 계속 문자나 전화를 한다면 난감할 수밖에 없다. 못 받으면 계속한다는 것이다. 관심이 지나쳐 집착으로 느껴진다. 친구 만난다고 했는데 누구를 만나며 언제 들어오는지 꼬치꼬치 캐어묻는다. 어쩌다 친구와 술 한잔 마시고 왔는데 과도하게 반응을 한다.

결혼 3년 차 미연 씨는 아직 아이는 없고 직장 생활을 같이한다. 남편은 영업직에 근무해서 퇴근 시간이 일정하지 않다. 미연 씨는 조그만 무역회사 사무직에 근무한다. 퇴근 시간이 일정한 미연 씨는 혼자 저녁 식사를 할 때가 종종 있다. 남편의 들쑥날쑥한 퇴근 시간 때문이다. 결혼 초에는 직업상 그럴 수밖에 없다고 생각하여 이해하고 넘어갔었다. 그런데 지금은 그런 시간이 많다 보니 매일 문자나 전화로 연락을 한다. 진짜 일을 하고 있는 건지 의심이 들 때가 있다고 한다. 그런 생각이 자주 들고 그러다 보니까 자꾸 확인하는 버릇이 생겨 퇴근 시간이 다가오면 남편하고 통화하면서도 회사 분위기인지 알고 싶어 한다. 남편은 자꾸 했던 말 또 해야 되니까 요즘에는 짜증을 낸다고 한다. 시간이 지날수록 의심이 쌓여 갈등이 생기고 집착이 되는 모습에 배우자는 몸과 마음이 편하지 않다고 한다.

결혼 생활 20년 30년이 되어 가는데도 모임 한번 나오려면 배우자 허락을 받아야 되는 경우도 종종 본다. 배우자의 삶에 깊이 파고들어 참견하고 싶어 한다. 그러다 보면 조언을 한다면서 잔소리가 되어버리고 잔소리 듣는 사람은 기분이 좋지 않다. 남편은 깔끔한 성격인데 아내는 털털한 성격의 소유자이다. 아내의 털털함이 못마땅할 수 있어 자꾸 지적을 한다면 서로 피곤한 일이 된다. 한번 결혼하게 되면 평생 같이 살아보려고 결혼한다. 내 삶의 반세기 이상을 배우자와 살게 된다. 긴 세월을 살아내야 하기에 잠깐의 기분은 크게 신경 쓰지 말자. 작은 것 하나에 신경 쓰고 잔소리하다 보면 갈등만 커질 것이다. 결혼 생활 전체를 놓고 본다면 점 하나에 지나지 않을 일이다. 그 점 하나에 결혼 생활 전체를 휩

쓸리게 해선 안 될 것이다. 대수롭지 않게 넘길 줄도 알아야 한다. 살다 보면 배우자가 보기 싫은 날도 많을 것이다. 그때마다 신경을 쓰고 마음 고생한다면 참으로 앞으로의 삶이 힘들 수밖에 없다.

시선을 배우자에게 집중하는 대신 내 자신에게로 관심을 가져보면 어떨까? 취미에 더 집중을 해보고 청소도 깨끗하게 해보자. 아이에게 더 신경 쓰고 주변 친구들에게 안부 전화도 하며 시선을 다른 곳으로 옮겨보자. 사람이 사람에게 관심을 가지는 것은 더없이 좋은 일이다. 관심을 받는 사람은 행복하다. 하지만 그 관심이 지나치면 안 받은 것보다 못한 것이다. 방목이란 단어가 어울린다. 아이를 키우는 일이나 배우자와 사는 결혼 생활이나 나 아닌 타인이랑 산다는 건 쉬운 일이 아니다. 큰 테두리 안에서의 자유를 서로에게 주어야 한다. 그 안에서 본인들이 자유롭게 창의력도 발휘되며 지혜롭게 삶을 영위할 수 있게 된다.

믿음은 자유를 낳고

우리 부부는 결혼 초부터 가는 출처만 알려주면 일주일 열흘이라도 서로 뭐라고 하지 않는다. 별 탈 없이 잘 다녀오길 바랄 뿐이다. 가면 가나

보다 오면 오나 보다 한다. 어딜 가든 가는 이유가 있겠지 하고 생각한다. 서로 편하다. 우리 세 자매는 옛날에는 가끔 엄마 집에서 자주 만났었다. 그때도 일주일 혹은 그 이상 있을 때도 있었는데 선주 동생 남편은 수시로 전화를 주고받는다. 그거에 비하면 나는 일주일이 지나도 전화 한 통이 서로 없다. 주변에서 보면 버려진 사람 같다. 나는 그것이 오히려 편했다.

또 친구들과 여행을 가도 각자 남편들하고 통화하느라 다들 정신이 없다. 여행을 온 건지 집인지 알 수가 없었다. 여행 가는 버스 안에서 식사할 때 숙소에서 잠 잘 때도 수시로 전화통화를 해댄다. 반면 나는 한 통도 없다. 우리는 서로 믿는다. 남편이 혼자서 집에서 잘 먹고 잘 지낼 것을 믿고 남편도 내가 큰 사고만 없으면 잘 지낼 것을 말이다. 나 또한 남편이 어딜 가든 누구를 만나든 크게 신경 쓰지 않는다. 일이 있으니까 만나겠지… 미리 얘기 안 했는데 너무 늦게까지 안 들어오면 문자 하나 보내준다. 남편은 문자로 이유를 알려준다. 그러면 나는 그냥 잔다. 우리는 그렇다. 큰소리 낼 이유가 없다.

항상 우리 집은 조용하다. 누구 하나 소리 내는 사람이 없다. 그중에 내가 가장 떠든다. 성격이 쾌활하다 보니 거실에서 음악을 크게 틀어놓고 현란하게 허리를 흔들면서 춤도 추고 노래도 목청껏 부른다. 또 장난끼가 많은 나는 세 남자 방마다 가서 괜한 소리로 대화를 시도하고 웃고 떠든다. 우리 집의 유일하게 웃고 다니는 사람은 나 혼자다. 세 남자는 가느다란 실눈의 가자미눈을 뜨고 옅은 미소를 짓는다. 남자들은 왜 이리 뚱한지 모르겠다. 이런 뚱함이 나를 더욱더 장난꾸러기로 만든다.

또 요리하는 것을 좋아하는 나는 늘 앞치마를 매고 주방에서 그 무엇인가가 만들어낸다. 통탕거리며 조물락거린다. 맛있는 냄새가 집 안에 퍼진다. 맛보라며 방마다 세 남자 입에 한 개씩 넣어준다. 각자의 리뷰를 얘기해준다. 꼭 리뷰를 얘기해주어야 되는 것을 세 남자는 안다. 소중한 리뷰에 따라 맛을 가감한다. 또 잔잔한 피아노 음악을 들으며 커피 한잔을 마시는 시간도 나한테는 편안한 일상이다. 언제나 행복한 우리 집이다. 나는 이런 자유로움이 너무 좋다. 서로에게 바라는 것이 없다. 그들에게 바라는 것을 내가 해주면 된다. 그들이 행복하고 즐거우면 나의 행복은 덤인 것을 나는 알기 때문이다.

우리 친구들 모임에도 결혼 몇십 년이 넘어도 1박 2일 여행 가는 데도 배우자 허락을 받아야 갈 수 있는 사람도 있다. 남편이 허락을 안 해서 못 간다는 것이다. 참으로 답답하다. 내 몸이 내 몸이 아닌 것이다. 그쯤 되면 그 상대방이 원하는 대로 내 삶을 맡기지 않았을까? 결혼이란 속박이 아니다. 개개인의 개성을 가지고 사랑이란 이름으로 같이 생활하는 것이다. 내 몸과 마음은 하늘을 훨훨 나는 새와 같아야 한다. 자유로워야 한다. 그 자유로움과 더불어 배우자랑 같이 가는 동반자여야 한다. 결혼하고 배우자가 나의 몸과 마음의 주인이 되는 것은 아니지 않는가? 나는 나여야 한다. 어느 누구도 나를 마음대로 할 수 없다.

내가 나임을 잊어서는 안 될 것이다. 관심과 사랑이 집착이 되지 않도록 적당한 거리에서 서로 바라볼 줄 아는 지혜가 필요하다. 봐도 못 본 척하고 알아도 모르는 척해줄 줄 아는 마음의 여유로움이 결혼 생활하는데 최고의 묘약이 될 수 있다. 물론 큰 문제면 얘기를 해봐야 할 것이지만, 사사로운 일들은 적당하게 모르는 척해도 될 것이다. 신뢰와 믿음을 줄 수 있는 나의 행동이 중요하다. 어떠한 일을 해도 어떠한 행동을 해도 믿고 싶은 신뢰 말이다. 그 신뢰감이 쌓일 수 있도록 평소에 배우자에게 믿음을 주는 행동을 해야 한다. 서로에게 신뢰감이 들도록 노력해야 할 것이다. 항상 거짓말이나 하고 속이려고 하고 일만 저지르면 배우자 입장에서는 믿음이 안 간다. 모든 인간관계가 신뢰가 중요하지만 부부 관계는 더더욱 신뢰가 중요하다. 신뢰와 믿음이 있느냐 없느냐는 결혼 생활에서 자유가 있느냐 없느냐이다. 그 신뢰감이 쌓이는 관계가 형성이 되면 그 다음부터는 큰 테두리 안에서의 자유를 마음껏 누릴 수 있을 것이다.

04

지루함도 결혼 생활의 일부이다

권태기는 당연한 거야

결혼 생활을 하다 보면 권태기가 찾아온다. 이제는 상대방도 잘 알고 결혼 생활도 어느 정도 적응되고 매일 되풀이 되는 시간이 지루하고 재미없어지는 느낌이다. 결혼 전에는 상대방의 멋져 보였던 모습도 별 볼 일 없어 보이고 단점이 서서히 보이기 시작하고 괜한 말 한마디 잘못하면 오해가 생기고 사이가 나빠지기도 한다. 결혼 후 3년 정도 있다 오는 경우도 있고 5년, 7년 사람마다 기간은 다르고 권태기였는데 아기가 생기면서 없어지기도 한다.

결혼 전에는 가리지 않고 모든 음식을 잘 먹는다고 좋아했는데 권태기가 오면 돼지도 아니고 가리는 음식이 없다며 투덜거린다. 또 청바지가 잘 어울린다며 좋아했는데 지금 보니 짧은 다리에 청바지가 볼품없어 보이기도 한다. 말을 잘한다고 언어 구사력이 좋다고 생각했었는데 촉새같이 말만 잘하는 것 같다. 묵직한 행동도 남자답다고 생각했는데 곰처럼 답답하게 느껴진다. 결혼 전에는 예쁘고 날씬했는데 지금은 살도 찌고 많은 양의 음식을 먹는 아내가 이내 못마땅하다. 사람 마음은 갈대와 같이 어제는 좋았지만 오늘은 싫을 수도 있다. 하지만 연예할 때처럼 싫다고 바로 헤어질 수 없는 게 결혼이다. 그래서 결혼은 신중하게 생각해야 하고 조건만 보고 잠깐의 기분으로 선택하면 안 되는 이유이다.

나의 경우는 결혼 생활의 지루함이 찾아올 때는 친정 엄마한테 가서 며칠 푹 쉬다 오면 풀리곤 했던 것 같다. 항상 엄마는 넓은 바다처럼 나를 품어주곤 했었다. 엄마 품에서 어리광부리고 엄마의 손맛으로 만들어진 맛있는 음식을 먹다 보면 결혼 전에 추억이 새록새록 나면서 결혼 생활의 지루함도 거품처럼 사라지는 것을 느낄 수 있었다. 그건 나만 그런 것 같진 않았다. 남편도 나 몰래 우리 엄마한테 가서 밥도 얻어먹고 오고 가끔씩 술도 한 잔씩 하며 장모님이랑 이런저런 이야기하며 스트레스를 푸는 것 같았다.

지금 생각해보면 엄마는 딸인 나보다 사위인 남편이 오는 것을 더 좋아했던 것 같다. 우리 엄마는 우리 부부에게 오아시스와 같은 존재였다. 힘들다고 투덜거리면 엄마는 엄마 살아온 얘기를 해주며 그런 일은 아무 문제도 아니라고 나를 다독여주었다. 그러면 나는 나의 나약함에 채찍질을 하며 다시 힘차게 나아갈 수 있었다. 엄마와 동생들을 만나고 집에 들어가면 남편도 헤어져 있던 시간만큼 혼자만의 시간을 지내고 혼자 지내는 시간이 지루해질 쯤해서 나와 아이들을 보면 굉장히 반가워했었다. 그 후에는 신기하게 서로에게 더욱더 잘해주는 마법의 세계가 펼쳐졌다.

또한 나에게는 위로는 오빠 한 명 밑으로는 여동생 두 명이 있다. 오빠는 아무래도 남자이다 보니 여동생 두 명과 통하는 게 많았다. 바로 밑에 동생은 전주로 시집을 가서 거리가 너무 멀었다. 늘 엄마와 막냇동생과 나를 그리워하며 살아냈을 것이다. 전주 동생 결혼시키고 그 먼 곳에서 우리만 그리워하며 지낼 동생 생각에 엄마도 나도 막냇동생도 늘 마음이 편하지 않았다. 동생도 그 지루하고 그리움이 찾아올 때면 엄마와 내가 보고 싶어 아이들을 데리고 기차에 몸을 싣고 서울로 올라와서 끌어안고 행복해했었다. 다행히 나의 남편과 동생 남편은 우리의 만남을 지원해주고 이해해주어 마음 편히 만날 수 있었다. 참으로 좋은 사람들이었다. 또 그들도 사이가 남 못지않게 좋아서 거리는 멀었지만 만나야 할 이유를 찾아가며 자주 만났었다.

이 또한 지나가리라

연애 1년 결혼 3년 차인 미정 씨는 요즘 권태기인지 후회인지 답답한 마음이 많이 든다고 한다. 연애할 때는 남편이 듬직하고 믿음이 가는 스타일이라서 그 모습이 좋아서 결혼을 결심했다고 한다. 아직 아이는 없고 둘 다 직장 생활을 하는데 결혼하면 남자들은 애라는 말처럼 남편이 하는 행동이 시간이 갈수록 마음에 안 들고 집안일도 안 도와주는 건 당연하고 청소해놓으면 어지럽혀 놓고 간식 먹고 정리도 안 한다고 하소연한다. 주로 둘 다 직장 생활을 하니까 밖에서 식사하는 일이 많다고 하지만 가끔 집밥이라도 하려면 전혀 도와주지 않는다고 한다. 짜증나서 남편에게 잔소리라도 하면 소심하게 덩치에 안 맞게 삐진다는 것이다. 이런 모습을 매일 보니까 스트레스를 받고 남편으로부터 마음이 점점 멀어지고 있다고 한다.

결혼 6년 차인 은주 씨는 첫째는 5살 둘째는 18개월 된 딸이 두 명 있다고 한다. 아이들을 맡길 만한 곳이 없어 전업주부로 아이들을 키우고 있다고 한다. 경제적으로 많이 넉넉하지는 않지만 크게 스트레스는 받지 않는다고 한다. 그런데 요즘은 생활에서 활력을 잃어버리고 모든 것이 싫어지고 무기력한 마음만 있다고 한다. 남편이랑 말도 하기 싫고 아이들도 귀찮기만 하다. 모든 것을 버리고 멀리멀리 떠나고 싶을 정도로 답답한 하루하루를 살아가고 있다고 한다.

민지 씨는 결혼 3년 차이다. 연애 6개월 정도 하다 남편이 결혼하자고 매달려서 결혼을 결심하게 되었다고 한다. 지금은 딸이 하나 있고 민지 씨만 좋다고 쫓아다니니까 결혼하면 행복할 거라고 생각하고 결혼했다고 한다. 결혼 1, 2년 때까지는 집안일도 많이 도와주고 잘 지냈는데 요즘에는 짜증을 내고 자주 싸움도 하게 된다고 한다. 예전에는 집안일도 잘 도와주던 남편이 아이 낳고부터는 오히려 집안일을 등한시하며 민지 씨에게 미루고 툭하면 지적한다고 한다.

결혼은 생활이 따로 주어지는 것이 아니다. 일상생활의 반복이고 반복이란 단어가 지루함의 주범이 된다. 이런 지루함이 찾아왔을 때 서로 말과 행동을 조심해야 한다. 이제 3년밖에 안 살았는데, 10년밖에 안 지났는데 서로 밍밍한 관계가 지속된다면 앞으로 살아갈 수많은 나날들이 위태롭게 느껴진다. 부부뿐만이 아니라 사람과의 관계는 좋을 때도 싫을 때도 존재하는 법이다.

이런 위기가 찾아오면 지혜롭고 현명하게 이 고비를 넘겨야 한다. 주변의 사람들을 보면 이 시기에 다른 사랑이 찾아와서 이혼한 경우도 종종 본다. 결혼이란 마라톤과 같아서 장거리로 뛸 몸과 마음의 준비를 해야만 한다. 마지막 결승전을 예측을 해서 힘을 쓸 때 쓰고 아낄 때 아껴야 한다. 그래야 결승전까지 무사히 갈 수 있는 것이다. 겨울이 오면 몸을 움츠려서 온기를 빼앗기지 않도록 움직임을 최소화해야 하고 여름이 오면 더위로 내 몸이 탈진되지 않도록 수분 섭취를 해주어야 한다. 지루함도 권태로움도 시간이 지나면 또 아무렇지도 않게 제자리로 돌아온다. 지루함의 과정을 즐기며 서로에게 회복할 수 있는 시간을 주는 마음의 여유를 가져야 한다.

현대인들은 조급하고 빠르게 결정을 하려 한다. 젊음의 특징이 진취적인 것을 감안하면 빠른 것은 당연한 것이지만 결혼 생활의 권태로움과 인내에서는 느림을 선택하는 것도 나중에는 잘했다고 생각할 때가 올 때도 있다. 우리나라는 기다림이 미덕이라는 말이 있다. 고추장 된장 장아찌 청국장 식초 묵은지 매실 엑기스 모두 발효 식품이고 시간이 가고 기다려야 한다. 시간을 주면 서로 엉기어서 고유의 색을 흐리게 하고 엉기는 과정에서 새로움을 받아들이는 과정을 반복하다 보면 생기려고 하던 세균도 새 식구로 받아주어 새로운 물질이 탄생한다. 발효식품은 기다림이다. 어떤 문제가 생기면 지금은 빨리 그 문제를 풀어야 될 것 같지만 문제에 따라서 그냥 놔두면 숙성되어 저절로 해결되어 문제가 아니였음을 알게 된다. 조급한 마음에 문제를 문제시하여 처리하려 하다 보면 더 큰 진짜 문제가 될 수도 있다.

결혼 생활이야말로 발효 식품이다. 은근하게 천천히 기다리면 된다. 의견 차이와 갈등이 있을 때는 서로 엉기고 풀리는 시간을 주어 각각의 성분들이 흐려지도록 시간을 주고 기다려본다. 권태기가 오고 지루함이 견딜 수 없다고 배우자에게 화살을 돌리고 단점만 찾아서 배우자 마음의 상처를 내고 괴롭힌다면 같이 파멸로 가는 기차에 오르는 것이다. 미운 놈 떡 하나 더 준다는 말이 있다. 권태롭고 지루한 생활이 지속된다면 배우자에게 아이에게도 더 신경 써서 해주어보자. 세상은 마음먹기 나름이라고 했다. 시간이 흐른 어느 순간 그들이 다시 예뻐 보일 것이다.

나만을 위한 여행을 떠나보는 것도 좋고 부모님 집이나 친구 집으로 가서 며칠 쉬다 오는 것도 마음을 편안히 하기에 더없이 좋을 것이다. 결혼 생활이 지루하다고 권태롭다고 배우자가 마음에 안 든다고 내 마음 내키는 대로 하면 이 세상의 부부로 살아가는 사람은 아마 없을 것이다. 지혜롭고 현명하게 고비를 넘기며 살아가다 보면 배우자와 아이들이 사랑하는 눈길로 나를 바라보고 고맙다고 해줄 날이 올 것이다.

05

다른 배우자와 비교하지 말자

비교는 불행의 시작

사람은 태어나면서부터 신생아끼리도 몸무게나 키 발달 단계에서 비교하게 되고 또 형제자매끼리도 비교하며 자란다. 사람마다 타고난 재능이나 외모와 성격을 서로 비교하게 되고 부족하면 기분이 나쁘고 넘치면 우월감에 기분이 좋다. 학교에라도 가면 성적으로 순위를 정해 다른 아이들과 비교하며 분발할 수 있는 원동력이 되기도 한다. 결혼도 마찬가지로 결혼할 배우자가 경제력과 직업 외모가 뛰어나면 남들의 부러움을 한몸에 받고 기분까지 좋은 건 사실이다.

서로 사랑해서 결혼했으면 현재의 배우자를 인정하며 살아가야 행복할 수 있다. 그런데 살아가면서 계속 친구 배우자와 비교하고 친구가 가진 것에 부러워하며 자괴감에 사로잡혀 마음을 힘들게 하는 사람도 있다. 요즘은 SNS에 서로 여행 다녀온 곳과 명품백을 구매한 것을 올리며 다른 사람들에게 표현하고 자랑을 하는 게 일상이 되어버렸다.

친구가 여행 다녀온 것을 자세하게 올리며 무엇을 먹었고 숙박은 어느 호텔에서 했으며 어떤 명품 가방과 옷을 구매했는지 사진을 올리게 되면 부럽기도 하고 내가 하지 못하고 가지지 못하는 것에 대한 속상함이 찾아오게 마련이다. 자연적으로 지금 나랑 같이 있는 배우자가 무능해 보이고 이유 없이 화도 나고 짜증이 난다. 배우자는 아무런 행동도 하지 않았는데 그냥 화살이 날아오고 마치 배우자가 큰 잘못이라도 한 것처럼 서먹서먹해진다.

주영 씨는 오랜만에 친구들 모임에 나갔다. 예쁜 옷으로 한껏 멋을 내고 오랜만에 만난 친구들과 이런저런 이야기를 나누었다. 친구 한 명은 결혼식 예약을 잡았다고 청첩장을 주었다. 모두들 축하해주었다. 곧 결혼할 친구는 시댁에서 아파트를 사준다고 해서 아파트를 알아보러 다닌다고 말했다. 순간 빌라에 전세로 살아가는 주영 씨는 얼굴이 굳어진 것을 간신히 아닌 척하고 축하해주었다. 친구들도 부럽다고 다들 호들갑을 떨었다. 또 한 친구는 이번에 남편 차를 바꾸었다고 입이 귀에 걸려 자랑하기에 바빴다.

무슨 친구 모임이 아니라 자랑 콘테스트에 나온 것 같았다. 주영 씨는 점점 말이 없어져 갔다. 남편은 차도 없이 지하철로 출퇴근을 하고 있다. 여기 앉아 있는 것이 불편하게 느껴지고 다른 세상에 사는 사람같이 느껴졌다. 모두 결혼을 잘했구나. 나만 못사는 것 같다. 그 많은 사람 중에 왜 지금의 남편이랑 결혼을 했을까? 후회가 밀려온다. 집에 오는 길에 여러 가지 생각이 든다. 결혼만 하면 행복할 것이라고 생각했었다. 하지만 지금의 나는 무엇이란 말인가. 모두 나만 빼고 행복해 보였다. 남편과 시댁이 원망스러워졌다.

결혼하면서 시댁에서 아파트를 사준다며 자랑하는 친구가 있는가 하면 신부의 집이 경제적으로 여유가 있어서 최고의 혼수를 해준다고 한다. 친구는 처음부터 좋은 조건에서 출발을 한다고 한다. 또 아기를 출산했을 때도 축하금으로 얼마를 받았다느니 출산 선물을 명품백으로 받았다고 한다. 친구 남편은 진급을 해서 수입이 얼마가 된다라든지 우리 주변에서는 수많은 일상이 비교 대상이 된다.

어디 그뿐인가. 옆집 아이는 글자를 빨리 뗀 것 같은데 우리 아이만 아직도 글자를 읽지 못한다면 걱정이 이만저만이 아니다. 아이가 커서 학교라도 가면 옆집 아이는 성적이 좋아서 특목고에 진학했는데 내 아이는 평범한 고등학교에 진학했다면 마음이 즐겁지는 않을 것이다. 그렇지 못한 내 아이가 무슨 문제라도 있는 것처럼 아이만 괴롭힌다. 이 모든 것들이 남들과의 비교에서 오는 것이다. 그 대상자는 아무 잘못이 없다. 비교해주고 속상해하는 당신의 눈과 마음이 잘못인 것이다.

사실 글자를 빨리 못 뗐다고 속상할 일은 아닐 것이다. 아이마다 발달성장이 빠를 수도 늦을 수도 있기 때문에 부모는 글자를 뗄 수 있도록 도와주고 기다려주면 된다. 남편의 진급도 남편이 열심히 노력하고 시간이 가면 자연스럽게 될 일이다. 다른 아이가 성적이 좋아서 특목고에 갔고 내 아이는 평범한 고등학교에 갔다면 각자의 능력이 일찍 발휘되었고 늦게 발휘된 것이라고 생각해도 좋다.

각자의 개성과 능력이 다르고 현재 처해진 환경이 다르기 때문에 거기에서 오는 결과도 당연히 빠르고 늦을수 있다. 또 조금 빠르면 어떻고 조금 늦으면 어떠하랴. 어디에 꼭지점을 맞추어 달리는 것인가? 만약 그것이 행복이라면 그것은 틀렸다.

지금 당신이 부러워하고 비교하는 친구나 지인들도 자세히 들여다보면 고통 속에 사는 사람들도 있을 것이다. 보여지는 게 다가 아니라는 것이다. 또 그들도 당신의 그 어떤 부분을 부러워하거나 비교하고 있을 수도 있다.

현재 내가 가지고 있는 것에 만족하자

우리나라는 경제협력개발기구(OECD) 국가 중 자살 발생률 1위라는 불명예 기록을 가지고 있다. 인구 10만 명당 자살률은 24.6명으로 OECD 평균(11.0명)의 2배가 넘는다고 한다. 타인과 비교하고 거기에서 오는 좌

절감과 자괴감이 이런 극단적 선택을 하는 데 한몫을 했다고 생각한다.

모든 고통과 괴로움은 타인과 비교했을 때 찾아온다. 부족했을 때의 내가 잘못을 한 것이 아니다. 네모는 네모대로 세모는 세모대로 동그라미는 동그란 대로 각각의 모양은 모양대로 장점과 단점이 존재하므로 그대로 보아주면 된다. 모두가 동그라미가 될 필요는 없다. 내가 네모인 배우자를 선택했다면 점 꼭지가 사방의 위아래로 존재하니 얼마나 안정감이 있고 좋은가? 완벽한 사람은 없다. 다른 사람 부러워하고 배우자 단점 찾아내어 괴로울 시간에 내 배우자 내 아이의 장점을 찾아 칭찬해주고 같이 기뻐해주고 부족한 부분은 위로해주면 어떨까? 이 세상에는 언제나 나보다 잘난 사람과 나보다 더 잘하는 분야의 사람은 존재한다.

그 수많은 사람들과 언제까지 비교하며 살아갈 것인가? 앞으로 비교라는 단어는 좋은 점을 얘기할 때 꺼내도 무궁무진하게 비교할 것이 많다는 것을 알 수 있다. 세상 사람들의 시선이나 판단에서 벗어나서 나만의 속도를 인정하고 못남과 부족함을 허용해주며 나만의 개성과 아름다움을 뽐내며 살아가는 그런 삶이야말로 다른 사람들이 부러워할 대상이 아닐까 한다. 또 내가 가진 것에 만족하는 마음으로 살면 모두가 행복해진다. 만족을 모르는 사람은 잠을 자도 괴롭다. 사람의 욕심은 끝이 없고 질투와 시기는 삶을 피폐하게 만든다.

사실 사람이라면 왜 남이 가진 것, 나에게 없는 것이 부럽지 않단 말인가? 신도 아니고 당연히 부럽고 가지고 싶다. 하지만 현재 나의 위치는 그 위치가 아니지 않은가? 보여지는 것도 아닌 것에 내 마음을 내가 다스리지 못해서 오는 속상함에 더 이상 나의 마음을 내어줄 필요가 없다. 그 얼마나 바보 같은 일인가 말이다.

내 친구는 아들딸 두 명을 키운다. 그 아들딸 아이들이 공부를 너무 잘한다. 우리 아파트 옆 단지에 살았었는데 아이들 어릴 때 경기도로 이사를 갔다. 어릴 때는 그렇게 똑똑해 보이지 않았었는데 어느 순간부터 공부를 잘한다는 소리가 들렸다. 중학교 때는 반에서 1등을 한다는 것이다. 그때만 해도 나는 잘하나 보다 생각했었다. 그리고 특목고를 간다는 것이다. 그때도 거기 빡센데 ㅇㅇ가 진짜 공부 좀 하나 보다 했다. 그 이후에도 계속 들리는 소리는 공부 잘한다였다. 아들뿐이 아니었다. 딸아이도 오빠가 공부하는 것을 옆에서 봐서 그런지 공부 욕심이 많다는 것이다. 딸도 특목고를 간다고 한다.

그 친구는 날이 갈수록 간드러진 목소리에 여유가 묻어났다. “뭐야, 두 애들이 왜 이렇게 공부를 잘하냐?” 나는 부러웠다. 우리 애들도 공부가 가장 쉬웠어요라며 스스로 공부를 해주었으면 좋겠다는 바람이 은근히 생겼다. 하지만 다 똑같을 수는 없음을 나는 알고 있었다. 나의 욕심을 줄이는 길이 아이들과 내가 사는 길이라는 것을 말이다. 각자의 개성과 능력이 다를 것이라고 생각했다. 우리 아들들도 친구의 아이들이 가지지 못한 자기만이 잘하는 것이 있을 것이라고 생각했었다.

결국은 수능을 보았고 친구의 아들은 서울 최고의 대학에 최종 합격을 했다. 몇 년 뒤에 딸아이도 서울에 알아주는 여대에 입학했다. 우리 아들들도 각자 성적에 맞추어 그래도 나쁘지 않은 성적으로 대학에 입학했다. 그 친구는 지금도 가르랑거리며 아이들 자랑에 여념이 없다. 나도 아들들 자랑거리가 만만치 않게 많지만 안 한다. 어느 순간 자랑은 자랑이 아니었음을 알기에 함구하게 되었다. 대신 남편이랑 둘이서 산책하며 아들들 자랑을 끝없이 늘어놓는다.

내 마음을 주인인 내가 다스리지 못해서 오는 마음 아픔과 갈등을 더 이상 허락해서는 안 된다. 나를 중심으로 세상은 존재하고 지구도 돌고 있다. 그 넓은 세상과 지구를 내 마음대로 움직일 수 있는 능력이 나에게 도 있는데 한낱 그 조그만 물질과 욕심에 연연하는 나의 모습이 부끄럽지 않은가? 설령 살아가는 나의 모든 일생 동안 원하는 물질과 욕심을 충족하지 못한다고 해도 낙담하지 말자. 그보다 더 크고 의미 있는 것은 생각보다 세상에는 많다는 것을 살아보면 알 날이 올 것이다.

06

마마보이, 마마걸은 이제 그만

만 19세가 되면 성년이 되고 공법상 자격 취득과 흡연 음주 등의 제한이 해제된다. 사법상으로는 친권자의 동의 없이 혼인할 수 있다. 완전한 성인으로 인정되는 나이이다. 정신적으로나 육체적으로 부모로부터 하나의 인격체로 독립한다. 대부분 결혼은 2030세대에서 많이 한다. 그들은 당연히 성인이다. 하지만 경제적이든 정신적이든 그 나이에도 부모로부터 독립하지 못한 사람들이 있다. 어려서부터 모든 일을 엄마가 해결해 주었고 엄마는 해결사였다. 학교 다닐 때는 학원 등록부터 학원 알아보는 것까지 모든 것을 엄마가 해주고 편하게 다니기만 하면 되었었다. 선택을 못 하거나 모를 때는 엄마한테 물어보면 해답을 알려준다. 그렇기에 시키는 대로 순응하며 살아간다. 그런 문제들이 결혼 전에는 크게 문제 되지 않는 듯하다. 하지만 결혼하고 나면 아내와 엄마 두 여자 사이에서 갈등하다가 엄마가 시키는 대로 기존처럼 생활하게 된다. 엄마 말이 곧 법 같이 느껴지기 때문이다.

마마보이와 효자

미희 씨는 결혼 2년 차이고 부부가 모두 직장 생활을 한다. 남편은 미희 씨한테 다정하고 세심한 면이 있는 사람이었다. 남편 부모님이 경제적으로 여유로워서 신혼집을 마련해주었다. 시부모 집 가까운 곳에 아파트를 마련해서 좀 부담스럽긴 했지만 그래도 처음 출발을 여유롭게 한다고 생각하니 크게 문제 될 것이 없어 보였다.

결혼 몇 개월 동안 생활하면서 근처 부모님이 있으니까 밥도 같이 자주 먹고 주말에도 같이 쇼핑도 다니며 지냈다. 근처에 사시니까 그럴 수 있지라고 생각했다. 미희 씨가 직장을 다니니까 집안일을 다 할 수 없어서 집 안을 안 치우고 다닐 때가 많았다. 그러면 시어머니가 어떻게 알았는지 집에 와서는 깨끗하게 치우고 정리를 하고 가신다. 처음에는 부담스러우면서도 고맙다고 생각했었다. 하지만 나중에 알고 보니 남편이 집이 지저분하다고 엄마한테 전화로 얘기를 했다고 한다. 미희 씨는 그 일로 남편과 사이가 좋지 않다.

또 미희 씨가 일이 있어 늦게 끝나고 오면 남편은 본가에 가서 저녁을 먹고 놀고 있었고, 미희 씨는 저녁 식사도 못 먹고 오는 날이면 라면을 끓여 먹으며 서운한 느낌이 들었다고 했다. 뭔지 모를 소외감이 들고 결혼을 한 건지 남편의 집이 두 개인 것같아 기분이 이상하다고 한다. 또 친정에서 일어나는 일들을 시어머니가 알고 있어서 기분이 좋진 않았다고 했다. 남편은 가끔 친정에 가는 날이면 별로 좋아하지 않았고 친정 엄마 아빠에게도 묻는 말에만 간신히 대답하는 모습이 미희 씨는 시간이 갈수록 화가 난다고 한다. 본가에서 행동하는 것과 차이가 너무 나니까 서운한 감정이 갈수록 쌓여만 간다고 했다.

결혼 11년 차인 현준 씨는 자영업을 한다. 딸과 아들 두 명을 키운다. 본가는 한 시간 거리에 어머님 한 분이 산다. 아버지는 오래전에 돌아가셨다고 한다. 현준 씨는 늘 연로한 어머님이 걱정이 되어 수시로 다녀온다. 무엇이든 꼭 두 개씩 산다고 한다. 하나는 어머님 것이다. 어느 날은 베개 장사가 가게 앞으로 왔는데 예쁜 베개 두 개를 사서 아내는 우리 부부 것인 줄 알고 집으로 가져가려고 하니까 한 개만 가져가라고 해서 왜 그러냐고 물어봤더니 말을 안 하더라고 했다. 아내는 이미 눈치를 채고 하나만 가지고 집으로 갔다고 한다. 또 가끔 어머님을 모시고 집에 와서 맛있는 음식도 사드리고 아이들 커가는 것도 보여드리고 있다. 또 아이들을 데리고 어머니 집에 가서 놀다 오기도 한다. 그 덕분에 어머니는 연세가 많으신데도 아직도 건강하다고 한다. 아내는 현준 씨가 연애 때부터 효자라는 것을 알고 있던 터라 뭐라고 하지 않는다. 현준 씨 마음은 항상 어머니에게로 가 있다.

재경 씨는 결혼 전에도 직장 생활 하면서 급여를 타면 용돈을 빼고 어머니 통장으로 입금을 시킨다. 어머니가 알뜰하고 돈 관리를 잘하기 때문에 재경 씨 적금이며 청약 저축 보험 등을 관리한다. 그 덕분인지 그 나이에 돈도 꽤 모았다고 한다. 또 옷이며 생활용품도 재경 씨 어머니가 사서 준비해준다고 한다. 그 후에 지금의 아내를 만나 결혼을 했지만 결혼 1년이 넘도록 급여 통장은 어머니에게로 아직도 가고 있다고 한다. 아내는 이제는 우리가 관리하자고 했으나 재경 씨는 어머니가 해주는 것이 안심이 된다고 당분간은 지금 하는 대로 하고 싶다고 했다. 요즘은 아내와 이 일로 신경전을 벌이고 있어 피곤하다. 어머니한테 맡기면 편안하게 잘 관리해줄 텐데 아내가 왜 그러는지 이해가 안 간다. 아내 입장에서는 현재 적금이며 보험 등 얼마나 있는지도 모르고 계획을 세울 수가 없어서 답답하다고 했다. 아내도 직장 생활을 하는데 아내도 급여를 재경 씨한테 오픈을 안 하고 생활비만 내고 생활하고 있다고 한다. 그리고 집에서 무슨 작은 문제라도 생기면 바로 어머니한테 물어보는 재경 씨를 보며 아내인 나는 여기 왜 존재하는가라는 생각이 든다고 했다. 결혼한지 1년이나 지났는데 아직도 어머니한테 벗어나지 못하고 있는 남편을 보면 당황스럽다고 한다.

마마걸과 사위

형식 씨는 결혼 2년 차이고 아내와 직장 생활을 하고있다. 처가댁과의 거리는 그렇게 멀지는 않다. 아내는 외동딸이라 부모와 멀리 떨어지는 것을 처음부터 원하지 않았기 때문에 처가댁과 가까운 곳에 집을 구했었다. 장인 장모님은 두 분 다 공직에서 은퇴하신 분들이라 경제적으로 여유도 있고 자식이 아내 하나밖에 없어서 모든 것을 다 해주려고 한다. 지금 거주하는 아파트도 아내가 많은 금액을 보탰다. 결혼 전에도 아내와 장모는 항상 같이 다니며 쇼핑도 하고 여행도 다니며 모든 일상생활이 엄마와 연결되었다.

혼수를 마련할 때도 장모님이랑 세 명이서 다니면서 형식 씨의 의견은 제대로 수렴이 안 된 채 아내와 장모님이 결정했었다. 그때도 기분은 그렇게 좋진 않았지만, 외동딸이니까 이해하려고 애써 웃음 지어 보였다. 그 이후로도 집을 구할 때도 당연히 장모님이랑 세 명이서 다녔었고 아내와 단둘이 무엇을 결정해본 적이 별로 없었던 것 같다.

결혼하고부터는 우리의 모든 일상이 장모님하고 연결되어 아내는 엄마한테 물어보겠다는 말이 입에 붙을 정도였다. 형식 씨는 시간이 갈수록 짜증이 나서 요즘에는 내가 아내하고 결혼을 한 건지 아내네 집으로 숙식하러 들어온 건지 알 수가 없다고 한다. 집들이 때도 장모님이 와서 모든 음식을 해주고 어른이 계시니까 동료들하고 불편하게 음식을 먹었던 기억이 난다고 했다. 이런 불편하고 답답한 생활을 언제까지 해야 될지 모르겠다고 한다.

새들도 둥지를 떠나는데

새들도 둥지를 틀고 알을 낳고 엄마 새가 열심히 가슴으로 품어서 때가 되면 알을 스스로 깨고 나온다. 열심히 엄마 새는 먹이를 잡아 새끼 입에다 연일 물어다 넣어준다. 새끼는 엄마 새의 사랑과 관심으로 무럭무럭 자란다. 어느덧 엄마 곁을 떠날 때가 되었다. 날개를 퍼득이며 연일 날갯짓을 한다. 엄마 새는 독립시킬 준비가 되었다. 엄마 새는 둥지로부터 떨어진 곳에서 계속 부른다. 이젠 독립할 때가 되었으니 준비하라고 말이다. 새끼들은 엄마 새의 부름을 받고 한 마리씩 날아갈 준비를 하는데 처음 날아야 하는 것에 대한 두려움과 무서움이 같이 존재하며 조금씩 둥지로부터 껑충껑충 뛰어다닌다. 무섭다. 하늘을 잘 날 수 있을까? 밖에서 엄마 새는 계속 응원을 한다.

"아가야, 넌 할 수 있단다. 파이팅!!!!"

드디어 엄마 새의 응원과 함께 생전 처음 날개를 퍼득이며 엄마 새가 있는 곳으로 날아갔다. 엄마 새는 "잘했다 잘했어, 우리 아가!!!" 하며 더 높은 곳으로 날아오른다. 아기 새도 자신감을 얻고 엄마 새가 있는 곳으로 힘차게 날아 오른다.

"보세요!!! 엄마 저 잘 날 수 있죠?"

"그래, 아가야! 잘했다, 장하다!!!"

한동안 엄마 새와 아기 새는 넓은 하늘을 자유롭게 날아 다닌다. 그리고 아기 새는 멀리 아주 멀리 날아가버린다. 엄마 새는 아기 새가 앞으로 잘 살아가기를 응원하며 아기 새에게 길을 터준다. 잘 가거라, 우리 아가!!!!

요즘은 집값도 비싸고 독립해서 직장 생활을 한다고 해도 결혼할 때 부모의 도움을 받는 것이 욕먹을 일은 아니다. 웬만한 사람들은 부모의 도움을 받고 결혼 생활을 시작한다. 주거 문제도 혼수 예물도 부모의 도움을 받을 수도 있고 그 외에 정신적인 부분도 도움을 받고 시작한다. 하지만 여기까지이다. 자식이 결혼할 정도의 나이라면 부모의 나이도 적지 않을 것이기 때문에 이제는 부모님께 도움을 드려야 하는 위치에 섰다고 보면 될 것이다. 이제는 효도를 해야 한다. 그런데 결혼 이후에도 연로한 부모님의 도움을 계속 원하고 추구한다면 어찌 이런 불효자가 있을까?

이 세상의 가장 효자는 자기 앞가림 잘하는 자식이라는 사실을 잊지 말자.

결혼해서도 계속 부모의 손을 빌리고 경제적으로 도와 달라고 하는 것, 육아를 도와 달라고 하는 것, 살림을 해 달라고 하는 모든 것이 불효임을 알아야 할 것이다. 부모님도 그동안 자식들 키우느라 많은 시간을 희생했을 것인데 여기에 연로한 나이로 나머지 남은 기간마저도 빼앗아 간다면 부모님의 인생은 너무 슬프지 않은가?

편안하게 살게 도와드리지는 못할망정 자기 살기 힘들다고 부모님의 마지막 남은 황금 같은 시간을 징징거리며 도와달라고 하면 이런 불효가 또 어디 있으랴! 부모는 아낌없이 주는 나무와 같다. 조금 남은 나무 밑둥까지도 가져가겠다는 것이다. 이런 이기적인 자식이 되어서야 되겠냐 말이다. 효도는 바라지도 않는다. 그저 자식들만 잘살면 그것으로 만족하는 게 부모의 마음이다. 그 마음을 이용해서 부모에게 의지하려고 하고 나약한 자식이 되어 가면 부모는 늘 마음이 아플 것이다.

사실 20세 이후부터는 완전한 독립을 했어야 한다. 부모 자식 사이는

20세까지 키우면서 자라면서 주고받을 것이 끝난다. 자식은 자라면서 부모에게 많은 재롱과 애교로 부모를 기쁘게 해주었기 때문이고, 부모는 밤낮없이 자녀를 위해 먹이고 입히고 건강하게 잘 자라게 희생해주었기 때문에 서로에게 줄 것도 받을 것도 없다. 그 기간을 놓쳤다면 부모로부터 독립할 수 있는 마지막 기회가 결혼이다. 이 결혼이란 제도를 이용해서 부모로부터 완전한 독립을 해야 한다. 살겠어도 부모로부터 멀리 못 살겠어도 부모로부터 멀리이다. 또 예비부부가 젊음 하나 믿고 열심히 살아가면 살아갈 수 있다. 한번 부모에게 의지하기 시작하면 나중에는 세뱃돈도 챙기는 파렴치한 자식이 될 수도 있다. 하나의 인격체로서 부모로부터 독립할 수 있는 마지막 기회조차 놓치게 되면 부모는 물론이고 배우자와 당사자 모두 불행해질 것이다.

07

꽃길만 걷겠다는 생각은 버려라

혼자 있을 때 행복해야 배우자도 행복하게 해줄 수 있다

모든 인간은 본능으로 행복을 원한다. 행복을 추구하고 불행은 겪지 않길 간절히 바란다. 결혼식을 하는 예비부부의 얼굴을 보라. 행복하게 살게 될 거야라는 마음을 가지고 모든 사람들의 축복을 받으며 부부가 된다. 배우자가 나를 행복하게 해줄 거라고 생각한다. 하지만 세상살이가 내 마음대로 되지 않을 때도 있다. 내가 원하는 대로 진행이 되면 행복할 것 같은데 행복하게 해줄 것 같은 배우자조차 내가 원하는 방향대로 가주지 않는다. 그런 모습을 보고 힘들어하고 갈등이 생기고 좌절하기도 한다.

여기저기에서 꽃길만이 펼쳐지길 기대하며 살아갈 수 있도록 기도한다. 안 좋은 일이 생기면 왜 나에게만 이렇게 힘든 일이 찾아오냐며 부모 배우자 자식에게 하소연하고 원망한다. 하늘에 있는 신에게도 따져보고 싶다. 나한테 왜 이러냐고 말이다. 사실 배우자는 나를 행복하게 해주지 않는다. 내가 배우자를 행복하게 해줄 수는 있을 것이다. 결혼은 배우자를 행복하게 해주기 위해 하는 것이다. 그것이 곧 나의 행복일 것이다. 살다 보면, 살아보면 알게 될 것이다.

경희 씨는 지금의 남편을 친구 소개로 만나 2년을 사귄 후 결혼을 했다. 남편은 털털한 사람이었고 성격이 외향적이라 시원시원해 보여서 결혼을 결정했다고 했다. 소심하고 섬세한 경희 씨에 비해 남편의 외향적인 성격은 경희 씨를 기분좋게 만들어주는 마법이 있었다. 사실 경희 씨는 자라온 가정 환경이 좋지 않아서 항상 마음이 불안하고 우울한 기분으로 지냈었다. 남편을 만날 때는 그 시간을 잊어버리고 기분 전환을 할 수가 있었다. 남편이 밝고 활발하기 때문에 결혼해서 살면 경희 씨도 같이 밝게 지낼 것만 같았다. 결혼하고 몇 년 동안은 큰 문제 없이 잘 지냈었다.

그런데 요즘에는 권태기여서 그런지 경희 씨의 우울함이 재발이 되어 경희 씨를 정신적으로 괴롭히고 있다. 그동안 결혼 생활 중에서도 가끔 경희 씨는 마음이 힘들 때가 종종 있었지만 크게 문제가 되지는 않았었다. 남편한테는 기분이 좀 안 좋다고 얘기할 뿐 깊은 속 얘기는 하진 않고 지냈었다. 경희 씨는 우울감이 찾아오면 술로 마음을 달래고 있었다. 남편은 이해가 안 간다는 듯이 침묵 중이다. 부부가 같은 집 안에서 지내도 각각의 개인적인 생각이 있기 때문에 남편이 경희 씨의 개인적인 외로움이나 고독까지는 어떻게 해줄 수 있진 못했다.

온전히 자신이 혼자 있을 때도 자신을 믿고 자존감 있게 내실을 다지고 스스로를 만족했을 때 행복한 자신이 될 수 있다. 그런 행복한 자신이 되었을 때 다른 사람도 행복하게 해줄 수 있을 것이다. 지금 내가 행복한가? 그런 사람은 결혼해도 배우자를 행복하게 해주고 자신도 행복하다. 모두가 행복하기 위해 결혼한다고 한다. 그전에 먼저 자신이 자신을 행복하게 해주었는지 한번 점검해볼 필요가 있다.

삶이 그대를 속일지라도

나를 행복하게 해줄 것 같은 배우자는 시간이 시날수록 내가 알던 사람이 아닌 새로운 성격이 드러나서 나를 당황하게 만들기도 한다. 주변에 시댁이나 처가 관계에도 문제가 생기면 마음이 불편할 수밖에 없다. 또 다른 경제적인 문제가 생길 수도 있고 몸에 갑자기 몹쓸 질병이 생길 수도 있다.

우리의 삶은 언제나 위험 속에서 하루하루 살아가는 불안전한 삶을 살아간다. 요즘에는 갑자기 암 진단을 받은 지인들의 소식이 종종 들려와서 마음이 안타까운 경우가 있었다. 건강에 문제가 생겼을 때 우리는 많이 힘들고 괴로워한다. 몸이 살아야 모든 것이 가능하기 때문이다. 건강이 있어야 사랑하는 사람도 볼 수 있고 건강할 때 경제적인 욕구도 성취 가능하기 때문이다.

멋있고 아름다운 풍경도 건강해야 눈에 넣을수 있는 것이고 내 몸이 건강을 잃으면 이 세상은 내 몸을 잃는 순간 같이 없어지는 것이라. 건강한 몸은 최고의 자산이 맞다.

살다 보면 어려움은 존재하고 그것을 견디고 지나가도록 시간을 내어 주면 어느 순간 꼼짝도 안 할 것 같던 어려움도 조용히 사라지고 다시 나에게 따뜻한 햇살이 비추는 날이 오기도 한다. 꽃길만이 존재하길 바라는 것이 어쩌면 모순일 수도 있을 것이다.

나의 경우도 아이들 키울 때 육아에 갇혀 시간이 멈춘 듯이 나의 몸과 마음을 힘들게 한 적이 있었다. 나만 알고 살았던 삶에서 내가 책임져야 할 대상이 생기자 거기에서 오는 힘겨움이 나를 짓누르는 듯이 몸과 마음을 힘들게 했었다.

육아가 금방 끝나는 일이 아니기에 더욱더 힘들게 느껴졌을 것이다. 〈겨울왕국〉의 엘사처럼 온 세상이 얼음에 멈춘 듯이 나는 세상과 단절된 감옥에 갇힌 것 같은 그런 시간들이 결코 나에게는 적지 않게 몸과 마음의 고독함으로 다가왔을 것이다.

그때는 잘 몰랐지만 지금 생각해보면 육아 우울증이 아니었을까라는 생각을 해본다. 그때 나는 러시아 시인 푸시킨의 시를 마음속으로 반복하며 마음을 달랬었다.

삶이 그대를 속일지라도

삶이 그대를 속일지라도

슬퍼하거나 노하지 말라

우울한 날들을 견디면

믿으라, 기쁨의 날이 오리니

마음은 미래에 사는 것

현재는 슬픈 것

모든 것은 순간적인 것, 지나가는 것이니

그리고 지나가는 것은 훗날 소중하게 되리니

……

– 알렉산드르 푸시킨

30여 년이 지난 지금 돌아보면 푸시킨의 시가 옳았다. 그 순간에는 멈출 것 같은 시계바늘도 자기의 몫을 열심히 해준 덕분에 시간은 유수같이 흘러 중년이 되고 어린아이로 항상 있을 것 같은 아이들도 나를 따뜻하게 안아주는 멋진 청년으로 성장해 있음에 꿈인 듯 아닌 듯이 현실이

믿기지 않는다. 이글을 작성하는 이 순간 주착없이 눈물은 왜 나오는지 모르겠다. 지난날의 힘듦이 생각나서일까? 그 수많은 고비를 이겨낸 나에게 대견스러워서일까? 시간은 시계를 재촉한다. 재깍재깍 우리를 꽃길로 가는 길목으로 안내하기 위해.

08

남편이 아내보다 더 사랑하자

나의 행복의 원천은 배우자

사랑하는 사람과 한집에서 같이 살고 싶어 결혼한다. 맛있는 것을 같이 먹고 정서적으로 교류하며 사랑을 주고받는다. 그런데 한집에서 같이 살다 보면 항상 좋을 수만은 없다. 결혼 초반에는 서로 좋은 모습만 바라보며 꽃길만이 존재하는 것 같다. 시간이 흐르면 여기저기서 갈등이 생기고 배우자의 모르는 습관이나 성격 등이 눈에 거슬리기 시작한다. 타인이 보면 별것 아닌 것 가지고도 부부는 심각하게 싸운다. 부부가 평온하게 살기에는 여기저기에 위험투성이다. 매 순간순간 갈등을 초래할 수 있는 일들이 많다. 24시간 365일 끝없이 펼쳐진 시간 앞에 당연한 일 아닌가? 각자 개성 있는 사람들끼리 만나서 긴 시간을 하나부터 열까지 맞추어가려면 당연히 수많은 장애물을 건너야 한다.

요즘은 생각보다 부부 갈등으로 고통스러운 삶을 살아가는 사람들이 너무 많은 것 같다. 남편과 아내가 한 치의 양보도 없이 서로 손해 안 보려고 애쓴다. 긴 세월을 참고 살다가 더 이상 견디지 못하고 헤어지는 황혼 이혼이 너무 많다. 또 아이들 다 컸으니 서류는 그냥 두고 각자 살자며 졸혼하는 중년들도 많다. 결혼한 지 몇 년 안 되었는데 성격이 안 맞는다며 이혼하는 부부도 있다. 수많은 사람 중에 그렇게 빛나고 예뻐서 선택한 사람이다. 서로 보기 싫어 헤어지기까지 얼마나 서로 힘들었을지 짐작하기가 어렵다.

사람의 행복은 타인과의 관계에서 결정이 된다. 특히 배우자와의 관계는 다른 사람 관계보다 더 신경 써야 한다. 나의 행복의 원천이 배우자여야 한다. 배우자를 중심에 두지 않는 결혼 생활은 행복하지 않다. 마음을 여유롭게 가지고 바라봐야 한다. 어떠한 물질적인 것도 마음을 대체할 수 없다. 배우자와의 행복을 위해서는 서로 노력해야 한다. 배우자가 슬퍼하면 왜 슬퍼하는지 알려고 해야 한다. 기분이 좋으면 무엇 때문에 좋은지 알아야 한다. 기쁜 일이면 같이 기뻐해주고 오늘 하루 있었던 일을 주고받는다.

남편이 무뚝뚝한 사람이라면, 아내가 수다쟁이가 되어주면 그런 대로 소통이 될 것이다. 이미 사랑해서 선택한 사람이다. 세상이 뒤집힐 만큼의 단점이 아니라면 배우자에게 단점이 흐려질 수 있도록 시간을 주어보자. 옛날 어른들 말에 배우자가 이런 행동만 안 하면 사는 데 크게 문제시 될 것이 없다고 한다. 나도 어쩌다 남편이 마음에 안 들때는 여기에 해당되는지 생각해본다. 해당되지 않더라. 그러니까 모든 게 용서가 되더라.

첫째. 바람을 피우지 않는다.

둘째. 폭력적이지 않다.

셋째. 도박을 안 한다.

넷째. 알콜 중독이 아니다.

다섯째. 돈을 버는 일에 게으르지 않다.

항상 사이가 좋을 수는 없다. 어린아이들이 자라는 것과 크게 다르지 않다. 싸우기도 하고 또 화해도 하고 기뻐서 행복해서 가르랑거리며 지내기도 한다. 그 과정이 있어야 관계가 더욱더 견고해지는 것이다. 아이들은 그런 과정을 통해 한 단계 성장한다.

부부 사이도 그렇다. 유전적으로 인간의 뇌는 내가 생각하는 게 다 옳다고 생각한다. 나는 옳고 상대방은 틀리다는 것이다. 아이들도 싸움의 원인을 들어보면 쌍방이 잘못한 경우가 많다.

객관적으로 타인이 볼 때는 둘 다 잘못한 것 같다. 다른 사람은 알고 나는 모르는 것이다. 5대 5이다. 둘 다 잘못이다. 자기만 옳다고 주장한다. 인간은 본래 그런 것이다. 이런 갈등은 당연한 것이라고 생각해야 한다. 이런 갈등과 싸움이 발생했을 때 문제 풀이 방법이 중요하다.

서로 잘못했음을 인지하기까지의 과정은 많은 이해와 시간을 필요로 한다. 타협이 이루어지는 과정을 반복하다 보면 어느 누구보다 완전한 내 편이 된다. 화가 나고 짜증이 난 상대방의 이야기에 귀 기울여보자. 30분도 안 되서 상대방의 화는 어느 순간 누그러져 있음을 느낄 것이다.

남편이 조금 져주자

갈등과 싸움은 주로 감정이 상했기 때문에 일어나는 경우가 대부분이다. 눈을 마주보고 배우자가 하는 얘기를 잘 들어주기만 해도 해결이 되는 경우도 많다. 인간관계는 관심과 사랑이다. 관심과 사랑 앞에서 화낼 사람은 없을 것이다. 집안일이나 육아 등은 5대 5로 할 수 있다. 하지만 사랑과 관심에 있어서는 남편이 아내를 6대 4로 더 챙기기를 권한다. 포유동물은 암컷과 새끼를 보호하는 호르몬이 수컷에게 있다. 포유동물의 끝에는 인간이 있다. 인간은 종족에 관한 사랑은 더 강할 것이다.

예전부터 남자는 평생 살아가면서 세 여자를 사랑해야 한다고 한다. 어머니, 아내, 딸이다. 결혼했으면 아내를 사랑해야 할 차례인 것이다. 여성한테도 그 반대의 말도 존재한다. 사랑하는 것에도 순서가 있다.

먼저 사랑하는 법을 배워야 할 것이다. 사랑받는 남편이 되어야 한다. 사랑받는 방법은 먼저 베풀어라. 아내가 좋아하면 좋아하는 것 해주어라. 설거지도 해주고 아기 목욕도 시켜주고 마트에도 같이 가고 청소도 해준다. 아내가 원하면 해주어라. 일해서 죽지 않는다. 마음도 다 주어라.

결혼 직후부터 이런 마음을 갖는다면 결혼 생활이 행복할 수밖에 없다. 아내는 내 앞에서 흐뭇한 미소를 지을 수밖에 없다. 그것이 다가 아니다. 내가 노력한 것의 열 배의 보상이 온다. 그런 남편의 모습이 고마워서 반찬도 신경 써주고 건강도 챙겨주고 머리부터 발끝까지 남편을 챙기려 할 것이다. 내가 받고 싶으면 상대에게 그대로 해주라는 말이 있다. 또 받는 것도 좋지만 주는 것 또한 행복하다. 결이 맞는 배우자는 없다고 한다. 다른 모습으로 만나 사랑이란 이름으로 맞추어가는 것이 결혼이다.

아는 지인 이야기다. 나이가 점점 많아지는데 결혼을 못 했다. 직업은 그런 대로 공기업에 다니지만 외모가 여자들이 그렇게 좋아하는 외모는 아니다. 얼굴은 약간 시골틱한 모습에 머리숱도 별로 없어서 자신감도 없어 보이는 외모였다. 몇 번의 맞선과 소개팅도 해보았으나 결과가 신통치 않았다. 나도 한번 나서서 소개팅을 추진해주었지만 서로 민망한 결과만 초래했었다.

그리고 한동안의 시간이 흘렀지만 여전히 홀로 살고 있는 그가 안타까웠지만 달리 방법이 없었다. 내가 보기에는 결혼만 하면 굉장히 가정적이고 성실해서 어떤 여자인지는 모르지만 행복할 것 같은데 보물을 몰라 보는 것 같았다. 그러던 어느 날 소식이 들려왔다. 중국 여성을 만나 결혼한다는 소식이었다. 우리는 잘되었다며 인연은 따로 있다며 진심으로 축하해주었다. 그리고 그들의 결혼 생활은 시작되었다. 들리는 소문은 그렇게 행복한 결혼 생활을 한다는 것이다. 지인은 날마다 행복하다고 입에 달고 산다는 것이다.

지인이 아내에게 그렇게 잘한다고 했다. 모든 것을 다 해준다고 한다. 집안일도 아이 돌보는 것도 아내가 원하는 차도 사주고 그렇게 성실하게 가정적으로 살아가니 아내 입장에서는 아쉬울 것도 없고 살고자 하는 의지도 커져서 자격증을 취득하고 열심히 경제 활동도 한다는 것이다. 아내도 억척스러움이 있고 욕심이 있는 여자였다. 주변에서는 그 아내가 부럽다고 할 정도이다. 너무도 잘 만났다고 생각했다. 나도 바쁘고 지방에 살고 있는 지인의 얼굴을 볼 기회가 별로 없었는데 몇 년 전에 장례식장에서 만난 지인의 얼굴은 옛날의 얼굴과 완전 다른 사람이 되어 있었다. 얼굴에는 미소가 가득 했고 윤기가 자르르 흐르는 건강한 피부와 여유로운 말투에 갖추어 입은 듯한 옷매무새에 다시 한번 보게 되는 모습에 나도 가느다란 미소가 지어졌었다. 인연이 따로 있었던 것이다. 또 지인의 넉넉한 마음이 예쁜 가정을 꾸릴 수 있는 원동력이 되었음을 나는 안다.

많은 중년 부부들이 평생 살아오면서 수많은 갈등을 겪는다. 뒤늦게 남편이 져주고 행복하게 살아가는 경우가 많다. 못나서 져주는 것이 아니다. 아내는 남편 사랑을 먹고사는 존재이다. 그 힘으로 사랑하는 자녀를 키우는 것이다. 아내의 힘은 남편에게 있음을 잊어선 안 된다. 또 남편의 힘도 아내의 사랑이 원천이다. 그 사랑을 먹고 사회에서 자신감 있게 일원으로 살아간다.

아내 사랑을 받지 못하는 남편은 얼굴 표정은 말할 것도 없고 옷매무시도 어딘가 부실해 보인다. 이혼 비율이 많아지는 요즘 이혼하고 반려견 키우면서 사는 게 행복이라고 얘기하는 사람도 종종 있다. 부부 사이가 좋으면 반려견이 주는 행복보다 몇 만 배가 더 행복하다. 서로 노력하고 배려하고 먼저 베풀어라. 그 보상은 반드시 오게 되어 있다. 진정성 있는 사랑은 말이 없어도 상대가 아는 법이다. 그런 신뢰감 있는 부부 관계야 말로 가화만사성 아닐까 한다.

09

나만의 시간을 꼭 가져라

나를 잃어버리지 말자

결혼하면서 부부는 한몸이라는 말을 많이 한다. 평생 혼자만 생각하고 살다가 사랑이라는 이름하에 누군가와 남은 미래를 설계하고 몸과 마음을 공유하며 살아가려고 노력한다. 결혼한 지 얼마 안 된 부부들은 둘이 함께할 때 사랑과 행복을 느끼고 어떤 모임을 가더라도 같이 가고 싶고 여행도 마트도 같이 가고 싶어 한다. 그런데 어느 정도 시간이 흐르면 의견 차이도 있고 갈등도 생기다 보니 함께 행동하는 것이 피곤하게 느껴진다. 또 아이라도 태어나면 서로 바빠서 신혼 때 함께했던 몸과 마음은 생각도 못 하고 현실에 사로잡혀 정신없이 시간이 간다. 부부가 육아라는 공동의 목표가 생겼기 때문이다. 경제 활동과 육아도 해야 하고 식사도 해서 먹어야 하며 청소며 친인척 행사까지 단순히 두 사람이 사랑했을 뿐인데 뭐가 이리도 일이 많은지 생각할 겨를도 없이 시간에 쫓겨 서로 얼굴 한 번 제대로 볼 수 없이 흘러가버린다. 빛의 속도로 20년 30년이 흘러간다.

바쁜 결혼 생활로 나를 잃어버릴 이유는 충분하다. 나를 잊고 살아가다 보면 나중에 후회가 되고 배우자와 자식한테 서운함이 생긴다. 옛날 부모들을 보면 허리가 휘도록 자식들 키우고 먹고살기 위해 최선을 다했는데 이제는 살 만한 것 같은데 병이 찾아오고 앓다가 세상을 떠난다. 또 아이들이 다 크고 난 후 문득 거울 앞에 서 있는 늙어버린 나를 발견할 수 있을 것이다.

사람 인생을 보면 얼마나 서글프고 안타까운가? 그런데 그때는 평균 수명이 짧았기에 그러했을 것이다. 시대적으로 보면 지금과는 많은 차이가 있다. 하지만 누군가를 사랑하고 가정을 꾸리고 아이를 키우는 기본적인 뼈대는 변하지 않았고 앞으로도 변하지 않을 것이다.

아내들은 철없이 행동하던 아이들이 커서 어느덧 내 마음 좀 알아주는 것 같아서 정말 기쁘고 행복하지만 그 기쁨도 잠시 독립한다거나 결혼을 한다고 한다. 아이들이 떠난 빈자리는 무섭고 차가운 거친 파도만이 나에게 다가오는 듯 외로움과 상실감이 나를 맞이한다. 빈둥지 증후군이라고 한다. 남편들도 마찬가지이다. 가정을 위해 평생 경제적인 활동을 멈추지 않고 내 자신을 한 번쯤 돌보지 않고 달려온 시간들이 야속하게만 느껴진다. 이 시기에 갱년기라는 단어가 찾아와 더욱더 깊은 수렁으로 빠지게 만든다.

주변에 이 나이대 부부들을 보면 세 부류로 나뉜다.

첫째 유형은 서로 사랑이 깊어져서 이해하고 배려하는 삶을 살아가려 노력한다. 그동안의 수고와 노력을 측은지심의 마음으로 바라보고 배우자를 위해 사랑을 베푸는 것이다.

둘째 유형은 너는 너, 나는 나로 살아가며 한집에 살지만 각자의 삶을 살아간다. 긴 결혼 생활에서 오는 지루함과 서로에게 관심이 사라지고 동거에 가깝게 생활한다. 각자 하고 싶고 먹고 싶은 것만 하며 살아간다.

세 번째 유형은 졸혼이나 이혼을 고려할 만큼 서로에 대해 미움만이 남은 상태이다. 그동안 결혼 생활하면서 서로에게 씻을 수 없는 상처를 주거나 서로의 역할을 충실히 이행하지 않아 배우자가 많이 힘들었을 때 나타나는 극단적인 상태이다.

요즘에는 두 번째 세 번째 부류가 점점 많아지고 있는 현실이 안타깝게 느껴진다.

나만의 시간을 꼭 가져라

아침부터 잠잘 때까지 직장과 육아로 몸과 마음이 지친 상태로 잠자리에 들면 회복하기가 쉽지 않다. 회복 기간을 가져야 또다시 하루를 잘 살아낼 수 있을 것이기 때문에 잠자기 전에 일기를 쓴다거나 명상을 하고 내 자신에게 잘했다고 수고했다고 위로와 칭찬을 건네는 시간이 필요하다. 그렇게 순간순간을 나 혼자만의 시간을 내어 다지고 살아도 아이들 다 키우고 온전히 부부만 남았을 때 찾아오는 허전함과 쓸쓸함은 말로 표현할 수 없을 만큼 크게 다가온다. 부부가 결혼 생활 하면서부터 함께 하며 그 속에서 내가 나임을 잃지 않고 살아가면 위 세 부류에서 첫 번째 부류로 갈 수 있는 확률이 많아진다. 서로에게 관심을 가지고 공동의 일을 같이 고민하고 처리하며 위로와 칭찬을 해주고, 나만의 여행이나 명상 취미를 시간을 내어 실천한다면 나 자신을 잃고 헤매는 시간이 줄어들 뿐만이 아니라 혹시 그런 시간이 올지라도 담대하게 이겨낼 것이다.

지인의 딸 지혜 씨는 지방에 살고 35세이다. 결혼 5년 차이고 3살 된 아들이 있고 대기업에 근무 중이다. 아들은 친정 엄마와 베이비시터가 번갈아가며 돌본다고 한다. 직장 생활과 육아로 힘은 들지만 남편도 성실하고 가정적이어서 별 불만 없이 살아가고 있다. 그래도 가끔 현실이 답답하게 느껴질 때가 있다고 한다. 직장에서의 스트레스와 집에서의 일들이 정신적 육체적으로 힘겹게 느껴진다고 한다.

2030세대가 결혼을 하기 싫어하는 이유 중에 경력 단절과 자신의 자아실현의 포기도 큰 이유였다. 한 사람으로 태어나서 자신만이 가지고 있는 재능과 개성이 타인으로 인해 펼치지 못한다면 그것처럼 속상한 일은 없을 것이다. 나의 경우도 아이들 키우며 경제생활을 하는 것에 큰 부담을 느꼈었다. 체력이 약하고 한 번에 두 가지 일은 못 하는 성격이었다. 아이들 다 키우고 나를 바라봤을때는 중년의 나이가 되어 슬펐었다. 물론 아이들 키우면서 여러 가지 일을 시도도 많이 했었지만, 쉽지 않았었다. 어느 것 하나도 집중할 수가 없었다. 그렇게 시간은 유수같이 흘러갔다. 요즘 2030세대들이 무엇을 말하는지 물론 다 안다. 그래도 요즘에는 나라 차원에서 많은 배려를 해준다. 육아 휴직과 육아비 지원, 청약 가점제 등 우리 때는 아무것도 지원이 없었다. 우리는 각자의 돈으로 모든 것을 해내야만 했던 시대에 살았다.

결혼 생활이 바쁘고 어수선하더라도 나는 나일 뿐이다. 충분히 마음먹기에 따라서 나를 지켜가면서 해낼 수 있을 것이다. 요즘에는 남편들도 많이 도와주려고 하는 세대여서 도움을 요청하면 잘 도와줄 것이다. 또 세상의 편의시설도 잘되어 있으므로 적절하게 잘 활용하면서 나의 시간을 확보하고 개성과 재능을 살려서 갈고 닦으면 두 마리의 토끼를 잡을 수 있을 것이다.

우리 부부도 마찬가지로 경제적인 일과 육아로 젊은 시절에는 어떻게 시간이 가는 줄도 몰랐다. 요즘은 정보가 많아서 도움을 받을 수 있는 곳이 많은 반면 우리 시대에는 나만의 생각으로 생활을 해야만 했었다. 여러 가지 시행착오를 겪어가면서 말이다. 힘들면 힘든 대로 이겨내야 된다고만 생각했었다. 그냥 정신력으로 이겨냈던 것 같다. 아들들이 수능시험을 보고 대학에 입학을 하고 나서야 나를 온전히 볼 수가 있었다. 여기저기 아픈 곳이 자꾸 생기고 심한 증상은 아니지만 갱년기 증상이 살짝 나의 마음을 흔들어놓기도 했다. 나는 마음을 다잡고 나를 바로 세우려고 노력했다. 불면증으로 새벽에 잠시 잠을 깰 때면 회색빛 하늘을 보며 나의 존재를 깨달으려 했다. 나는 어디서부터 온 존재일까? 또 어디로 가고 있단 말인가? 저 하늘의 색은 어찌 저리도 오묘하단 말인가? 저 하늘의 무수히 많은 별들은 각자 자기 존재를 알리고자 있는 힘을 다해 빛을 뿜어내는구나.

나는 누구인가?

여긴 어디이고

너는 누구인가?

남편은 어떤 사람인가?

아이들은 나에게 어떤 존재였던가?

그런 자아성찰을 통해 내가 나 자신임을 확인하는 순간 남편도 두 아들들도 내 옆에 있음에 고맙고 감사함을 느낀다. 조금 오글거리지만 우리 부부는 위의 세 부류 중에 첫 번째 부류이다. 두부 한 모도 계란 한 판도 운동 삼아 같이 사러 가고 산책도 같이하며 이런저런 이야기로 지금 이 순간을 가장 편안하고 행복하게 보내고 있다.

- 4장 -

건강한 부부로 사는 법

01

따뜻한 집밥의 위력

정서적 안정의 밑거름 집밥

오늘은 뭐 먹지?

재료는 뭐 쓰지?

밥 하기 싫은데 맛있는 것 시켜 먹을까?

어디서 시킬까?

메뉴는 뭘로 정할까?

우리에게 이런 대화는 매일의 일상이다.

매일 먹어야 하기 때문이다.

하루 세 번 식사를 한다.

기성세대에게는 집에서 먹는 집밥이 먹거리의 전부일 때가 있었다. 아침, 점심, 저녁 식사를 모두 집에서 만들어서 먹었다. 내가 학교 다닐 때만 해도 엄마는 새벽에 일찍 일어나서 네 개의 도시락을 쌌다. 여섯 식구의 아침밥과 도시락까지 준비해야만 했다. 때문에 늦잠은 생각도 못 했을 것이다.

여섯 식구가 옹기종기 모여 따뜻한 국과 반찬으로 아침 식사를 하고 학교에 간다. 도시락 반찬의 종류도 다양하지 못해서 주로 김치나 장아찌, 건어물 종류가 대부분이었다. 어쩌다 달걀부침이라도 도시락밥 사이에 넣어서 주는 날이면 그날 하루가 행복했다. 가끔 어묵볶음이나 소시지를 싸가는 날은 점심시간이 빨리 오기만을 기다린다. 수업 내용도 잊은 채 말이다. 그 밥맛은 한창 커가는 성장기에 있는 나의 식욕을 더욱 부추겼다. 엄마의 따뜻한 도시락을 먹고 나면 온몸에서 힘이 저절로 생기는 듯 운동장을 마구 뛰어다녔다. 엄마의 사랑의 힘이 아니었을까?

우리가 움직일 수 있도록 해주는 원동력이 먹거리라는 것을 잊은 건 아닌지 생각해보자. 〈나 혼자 산다〉 프로가 나오면서 젊은 세대들의 혼자 사는 비중이 높아지고 있다. 혼자 밥해 먹는 것도 잠시 행복할 뿐 시간이 지나면 영양 부족에 외로운 식사가 된다.

방송에서 한 연예인이 스테이크에 스파게티와 와인을 요리해서 멋지게 플레이팅을 해놓고 혼자 식사를 하다 울컥하는 장면을 보았다. 혼자 먹으면 외로워서 서럽게까지 느껴지는 것이다. 아무리 진수성찬을 먹는다해도 맛있는 것을 느끼기가 어렵다. 혹여 아프기라도 하면 그 쓸쓸함은 말로 표현할 수 없을 것이다. 그럴 때 엄마의 밥이 그리워지기 마련이다. 밥이란 마음이기 때문이다. 무엇을 누구랑 마음을 나누며 먹느냐가 중요하다. 그 따뜻한 한 끼가 원동력이 된다. 바쁘고 모든 게 변하는 시대에 살고 있지만 변하지 않는 것이 있다. 그것은 마음이 담긴 집밥의 힘일 것이다.

가족이 모두 모여 그날 있었던 일을 이야기하며 식사하는 행위는 단순히 밥을 먹어 배를 채운다는 개념을 넘어 큰 의미가 있다. 한 끼 식사를 준비하기 위해서 재료 준비를 하고 어떤 메뉴를 만들지 연구를 하고 가족이 좋아하는 음식이 무엇이며 가족 개개인의 식성을 고려하여 만드는 과정이야 말로 학교 과제를 하는 느낌이 들 정도이다. 가족을 사랑하는 마음이 없으면 집밥을 할 수 없는 것이다. 왜냐하면 하루만 먹고 마는 것이 아니기 때문이다. 날마다 365일 매일 세끼씩 먹어야만 한다. 요리하는 사람은 결코 쉬운 일이 아닐 것이다. 대부분의 가정에서는 아내가 주로 요리를 담당하는데 매일의 수고스러움이 존경스러울 정도이다. 그런 사랑의 마음으로 만들어진 음식은 남편이 밖에서 스트레스 받으며 일할 때 심신의 안정을 주어 자신감 있게 일을 할 수 있는 밑거름이 되고 아이가 몸과 마음이 건강하게 자랄수 있는 원동력이 되는 것이다. 또 예쁘게 차려서 먹는 식사는 맛을 더해주어 기분도 좋아지고 부부와 가족의 사이도 더욱 좋게 해준다.

어느 날 내가 간단한 장을 보고 가고 있었는데 앞에 가는 중년의 여성이 힘겹게 양쪽 손에 짐을 가득 들고 걷지도 못할 정도로 간신히 가고 있었다. 조금 가다 쉬고… 조금 가다 쉬고… 가만히 보아 하니 양파, 고구마 등 식재료였다. 어깨를 잔뜩 움츠린 채 한숨을 한 번 몰아쉬고 또 다시 걷기 시작했다. 나는 뒤에서 혹시 나의 뒷모습도 저 모습은 아닐까 하면서 참으로 안쓰럽고 존경스러웠다. 한참을 가고 있는데 웬 젊은 남자가 그 여성에게 다가가서 짐을 받아들었다.

"아이구, 어서 와라! 귀찮게 해서 미안하다."

"그러게. 이런 걸 뭐하러 사가지고…"

"아니, 장 보다 보니까 재료가 세일을 하고 또 싱싱해서 무작정 사버렸지 뭐야!"

"다음부턴 이런 거 사지 마세요!"

나는 뒤에서 중얼거렸다.

"아드님이 제일 많이 먹을 것 같은데요…."

엄마들의 마음은 그런 것이다. 지나가다 싱싱하고 좋은 식재료가 보이면 가족들 생각해서 사게 된다. 무거워도 이고 지고 집까지 이를 악물고 가져온다. 그리고 수많은 시간과 수고로움으로 탄생한 식탁 위의 반찬들을 가족들은 아무 생각 없이 먹으며 맛 평가만 한다. 짜다느니 싱겁다느니 좀 더 익혔어야 했다느니 말이다. 주방에서 음식을 만들어내는 사람에 대한 예의가 아닌 것이다. 감사하게 잘 먹어야 한다. 주방에서 일하는 사람은 신이 아니면 할 수 없는 영역인 것이다. 신의 마음으로 가족의 건강을 생각하면서 조그만 손으로 이리저리 다듬고 썰고 지지고 볶고 수많은 요리 과정을 거쳐서 사랑하는 가족의 입에 넣어준다. 이렇게 신의 손으로 만든 음식을 먹었는데 건강하지 않을 이유가 없다. 그저 먹는 사람은 감사하게 맛있게 먹고 활기차게 살아가면 그것이 보답하는 길이 될 것이다.

편리함과 풍요 속의 영양 결핍

요즘에는 태어나면서부터 풍요로운 환경 속에서 맛있는 음식이 넘쳐난다. 먹고 싶은 것만 먹어도 된다. 맛있는 건 당연하고 어떻게 하면 예쁜 상차림에서 분위기 있게 식사를 하느냐가 더 중요해졌다. 고혈압이나 당뇨, 고지혈증과 같은 성인병이 요즘에는 소아과에서 어린이들과 청소년이 진료를 받고 있다고 한다. 어찌된 일인가? 그 질병들은 40, 50대 성인들이 걸리는 병이었다. 성인병의 걸린 어린이들과 청소년들은 고치기도 쉽지 않다. 식생활의 개선으로만 치료가 가능하기 때문이다. 기존의 먹던 음식을 못 먹게 하면 스트레스를 받아서 고치기가 참으로 어렵다는 것이다. 외식과 인스턴트의 식생활로 우리 아이들의 건강이 위협받고 있다.

식기와 주방기구들도 하나같이 예쁘고 편리해서 요리하는 시간을 단축시켜준다. 그러나 부부가 맞벌이인 경우가 많다 보니 집밥은 꿈이 되어버린다. 직장에서 퇴근하고 또다시 주방에서 식사를 준비한다는 것은 참으로 힘든 게 현실이다. 대충 가공식품으로 식사를 대신하거나 외식이나 배달 음식으로 한 끼를 해결한다. 식사를 할 수 있는 선택의 폭은 예전보다 넓어졌다. 직장에서는 어떤가? 아침은 굶고 점심을 먹는다. 아침 겸 점심인 것이다. 점심시간이 되면 주변 식당으로 일제히 이동한다. 매일 메뉴가 고민이다. 이런 생활이 오래된 사람들은 메뉴 고민도 이제는 안 하는 듯하다. 그냥 매번 가던 데 가서 먹는다.

주로 맵고 달고 짠 그런 음식이다. 대중의 입맛에 맞추어 식당들은 서로 경쟁이나 하듯이 온갖 양념을 동원해서 고객의 입맛을 맞춘다. 일단 맛있어야 매출이 오르기 때문이다. 또 배달도 고객의 눈앞까지 초고속으로 진행된다. 그냥 먹기만 하면 된다. 너무 편하고 행복하기까지 하다. 또 마트에 가면 모든 것이 반조리 되어 있거나 완제품이 냉동고에 가득 쌓여 있다. 그대로 사 와서 렌지에 데워 먹으면 또 한 끼 식사가 해결된다. 집에서 먹기 때문에 집밥이지 사실 가공식품으로 우리는 식사를 하고 있는 것이다. 시대가 빠르게 발전되어가면서 집밥이란 단어도 많이 변하고 있다.

영희 씨는 결혼한 지 2년 차이고 맞벌이 직장인이다. 영희 씨는 결혼 전부터 아침 식사는 안 먹는다. 남편은 아주 조금이라도 꼭 먹는다. 아침이면 영희 씨는 물 한잔으로 식사를 대신하고 남편은 구운 계란을 먹든가 빵 종류를 커피와 먹고 출근한다. 점심은 근처 식당에서 동료들과 사 먹는다. 부부는 퇴근 시간 맞추어서 집 근처에서 만나 저녁 식사를 외식으로 대신한다. 그날 먹고 싶은 것을 먹고 맥주도 곁들일 때도 있다. 남편은 주로 고기 종류를 좋아한다. 이런저런 하루 있었던 일들을 이야기하며 직장 생활의 고단함을 풀고 있다. 양가 부모님이 가끔 주신 밑반찬은 제때 못 먹어 버리는 경우도 발생한다. 영희 씨가 직장을 다니니까 음식을 할 시간이 부족하고 어쩌다 하는 요리는 음식의 모습을 갖추기에는 부족한 면이 있어서 요리하기가 꺼려진다고 한다. 요즘에는 간편식도 잘 나와 집에 구비해놓고 필요할 때 먹고 있다.

그러다 보니 하루 먹는 음식이 집밥이 아닌 인스턴스 음식이 전부여서 요즘에는 속도 안 좋은 것 같고 살도 많이 쪄서 남편의 건강에 빨간불이 켜졌다. 병원에서 고혈압과 콜레스테롤이 높다고 진단을 받고 걱정이 이만저만이 아니다. 병원에서는 인생에 있어서 가장 혈압이 낮을 때가 지금이라고 소금 섭취를 줄이고 운동과 집밥으로 고혈압을 정상으로 만들어보라고 권유받았다고 한다. 콜레스테롤 수치도 높아 이대로 가면 고지혈증 위험이 있다고 한다. 지금 현실적으로 어려운 부분이기는 하지만 지금이라도 다시 계획을 짜서 식단을 집밥으로 대체하려고 노력 중이다. 밖에서 먹는 대부분의 음식이 소금이 많이 들어가서 우선 외식을 줄이기로 했다. 점심시간에는 어쩔 수 없어서 평소대로 근처 한식당에서 먹는 것으로 하고 저녁에 영희 씨와 외식하는 것을 줄이기로 했다. 몸에 좋은 야채를 일주일 치를 주말에 준비해서 먹기 편하게 소분하여 준비하고 양가 부모님한테 짜지 않게 밑반찬을 부탁드렸다고 했다. 밥만 지어서 소분하여 냉장고에 넣어두고 렌지에 데워서 먹고 있다. 그렇게 먹으니까 마음은 편하다고 한다. 노력하면 건강이 좋아질 수 있다고 생각하니 힘들어도 해볼 생각이다.

재준 씨는 30세이고 혼자 생활한 지 3년 정도 되었다. 직장 사택에서 거주하고 하는 일은 엔지니어 쪽이다. 부모님은 멀리 지방으로 얼마 전에 이사 갔다고 한다. 처음에는 누구의 간섭도 받지 않고 혼자 생활하니까 너무 자유롭고 좋았다고 한다. 먹고 싶은 것 있으면 배달음식 시켜 먹고 가끔 친구들 만나면 밖에서 식사와 술을 먹으며 지냈다. 직장에서도 근처 식당에서 해결하고 지방으로 출장을 자주 가다 보니까 그 지역 음식을 자주 먹는다. 성실하게 근무한 덕에 적금으로 돈도 조금 모았고 경제적으로 큰 부족함 없이 지낸다고 한다. 그런데 요즘에 와서는 조금 심적으로 외롭다고 한다. 또 밖에 음식을 몇 년 먹으니까 엄마 밥이 먹고 싶고 가족들이 그립다고 한다. 그렇다고 지금에 와서 지방에 있는 부모님 곁으로 갈 수도 없는 노릇이고 결혼을 해야 하나 고민 중이라고 한다. 어차피 혼자 살 자신이 없으면 결혼해서 가정을 가지고 지지고 볶는 삶도 좋다고 생각한다. 따뜻한 집밥을 아내와 같이 지어 먹으면서 말이다.

우리는 정서상 안정이 되어야 살아갈 수 있는 인간이기 때문이다. 정서가 안정이 되면 남편은 직장에서 자신감 있게 업무를 볼 것이고, 아이는 유치원이나 학교에서 안정감 있게 친구들과 지낼 것이다. 가족의 건강을 지키는 바로미터가 되는 이유이다. 맞벌이 부부라 해도 따뜻한 집밥을 먹기 위해서 서로 의논하고 규칙을 짜야 한다. 주방일이라고 해서 아내만 해야 한다는 법은 없다. 남편도 주방일에 관심을 가지고 도와주다 보면 아내보다 더 잘할 수 있다. 요즘에는 남자 셰프들도 많다. 요리도 스피드하고 맛있게 요리하는 레시피도 넘쳐난다. 예를 들면 아내가 식사를 준비하면 남편은 설거지를 하고 주말이면 일주일치 장을 본다. 규칙을 정해서 따뜻한 집밥을 만들어 먹어보자. 하다 보면 요령이 생길 것이다. 주변의 양가 부모님이 주시는 반찬도 큰 도움이 될 것이다. 건강한 먹거리에 대해 조사하고 우리 가족의 따뜻한 집밥을 지킬 수 있는 방법들이 무엇인지 관심을 가져야 한다.

02

서로의 몸과 마음에 관심을 가져라

사랑은 관심이다

사랑은 관심이다.

사랑은 배려이다.

사랑은 대가없이 주는 것이다.

사랑해서 결혼했고 부부가 되었다. 밤늦게라도 퇴근하면 오는 길은 안

전한지 걱정 반 근심 반이다. 또 직장에서는 큰 어려움 없이 잘 지내는지 궁금하고 어디 몸은 아픈 데는 없는지 이것저것이 궁금하다. 어떤 음식을 좋아하는지 싫어하는지 어떤 커피를 좋아하는지 서로 알아가는 과정이 마냥 좋기만 하다. 오늘은 기분이 어떤지 무슨 고민은 없는지 모든 게 알고 싶다. 그래서 핸드폰의 카톡 내용은 매일 실로 연결되어 있듯이 내용은 이어간다. 기분이 좋으면 좋은 대로 나쁘면 나쁜 대로 맥주 한잔 하며 기분을 푼다. 사람이 살아가는 일상생활은 크게 다르지 않다. 신혼 초에는 서로에 대한 관심이 많아 남들이 보기에 피곤하게 느껴질 수도 있을 만큼 사랑이 샘솟는다. 모든 사람의 부러움을 사기도 한다.

그 사랑은 세월의 흔적처럼 흐려질 수도 있는 것이고 영원하길 바라는 마음이 욕심이었음을 우리는 수많은 드라마나 영화에서 간접 체험 또는 직접 체험을 했을 것이다. 또 일상생활을 하다 보면 사랑 타령만 하면서 살아가기에는 신경 쓸 일이 너무 많다. 결혼 생활이 오래될수록 더 사랑이라는 단어가 낯설게 느껴지고 같이 사는 배우자를 볼 때마다 깜짝깜짝 놀랄 때가 있다. 서로 변해가는 외모에 놀라고 예전에 없던 변화된 성격에 놀란다. 긴 결혼 생활을 하다 보면 항상 그 자리에 있는 배우자가 당연한 것으로 고마움도 모를 때가 많다. 식사 준비하는 건 당연하고 청소며 빨래 모든 것이 자연스러운 현상으로 지내다 보면 배우자의 존재는 그냥 항상 있는 사람이라고 생각한다. 그러다 보면 서로에 대한 관심은 줄어들고 하루하루 사는 데 바빠서 부부 사이는 점점 관심에서 멀어지기만 한다.

민영 씨는 결혼 7년 차이고 아이 둘을 키우는 전업주부이다. 남편은 인테리어 사업을 하며 바쁘게 생활하고 있다. 남편의 성격이 워낙 호탕한 스타일이라 매사가 적극적이다. 반면 민영 씨는 세심한 성격에 여성스럽고 조용한 편이다. 결혼 초에는 서로의 반대 성향의 성격이 마음에 들어 큰 무리 없이 지냈었다. 하지만 지금은 남편의 외향적인 성격이 민영 씨를 많이 힘들게 한다. 남편이 집안일에는 큰 관심 없이 외부의 일에만 전념하고 아이들과 민영 씨에게 관심이 없다는 것이다.

아이들이 유치원에서 잘 지내는지 친구 관계는 어떤지 관심 있어 하는 놀이는 무엇인지 아내인 민영 씨는 육아와 살림이 어떤 부분을 힘들어하는지 스트레스는 어떻게 푸는지 생각하지 않는다는 것이다. 회사 일에서 계약을 하고 완성하는 일하는 데만 신경 쓰고 일 끝나면 지인들과 당구치며 스트레스를 풀고 밤늦게 들어오기 일쑤라는 것이다. 민영 씨는 하루종일 아이들하고 집안일로 답답하고 힘든 것을 누구한테 얘기할 사람도 없이 혼자 힘들어 하고 있다고 한다. 두 사람의 관심사가 다르고 하는 일이 다르다 보니 서로 거리가 멀어지는 것이 아닌가 한다. 설사 관심사가 다르더라도 저녁에 시간을 내어서라도 시원한 맥주 마시며 오늘 있었던 일을 이야기하며 위로와 칭찬을 해주는 시간을 가지면 민영 씨가 그렇게 힘들진 않았을 것이다. 많은 시간과 경제적인 부분이 필요한 건 아닐 것이다. 조그만 관심이 필요할 뿐이다.

지만 씨는 결혼 15년 차 직장인이다. 아들 둘을 키우고 있다. 아내는 간간이 시간제 일을 하고 있다. 시간 날 때마다 아이들과 여행도 다니고 소소한 즐거움으로 행복하게 살고 있다고 한다. 아내도 큰 문제 없이 가정적이고 아이들과 지만 씨를 잘 챙겨주고 집안일도 야무지게 잘한다고 한다. 그런데 가끔 아내가 소화가 안 되어 힘들어하는 것을 종종 본다고 했다. 소화제는 항상 구비해놓고 식사 후에 조금 이상하다 싶으면 먹곤 했었다. 크게 문제 삼지 않고 지냈다. 평소 건강에 관심이 많은 지만 씨는 아내가 자주 소화제를 복용하는 것을 보고 병원에 가봐야 하는 거 아냐? 한마디씩 했었다고 한다. 그럴 때마다 아내는 알았다고만 대답하고 일상생활을 지속하며 지냈다고 한다.

그런데 국민건강공단에서 나오는 건강검진이 나와서 병원에 가게 되었다. 아직 나이가 위 내시경이 무료가 아니라서 고민은 되었지만 그 동안 소화가 안 되어 고생한 것 생각하면 이번 기회에 해보자는 마음으로 어제 밤부터 금식을 하고 위 내시경을 하게 되었다. 수면 마취에서 깨어나서 의사가 검진 결과를 얘기해주는데 조직 검사 결과가 나와봐야 알겠지만 현재로는 종양으로 의심되는 부위가 있다고 했다. 하늘이 노래지는 것 같았다. 그동안 빨리 검사를 받아보지 않은 자신을 자책하며 후회하고 있다. 다행히 위암 아주 초기라고 한다. 지금은 치료받고 많이 좋아져서 일상생활도 가능하고 열심히 건강 관리에 신경 쓰고 있다고 한다. 웬만한 일에 스트레스 받지 않으려고 노력 중이다. 지만 씨도 조금 더 빨리 받게 하지 못한 자신을 질책하며 한동안 괴로워했다고 했다. 또 한편으로는 일찍 발견한 것에 감사하며 하루하루를 지낸다고 한다.

가정을 꾸리고 아이들이 태어나고 바쁜 세월에 나의 존재도 잃어가며 살다 보면 배우자에 대한 관심과 사랑은 희미해질 수밖에 없다. 그런데 그 조그마하고 무심한 행동이 많은 시간이 지나다 보면 엄청난 결과를 가져온다는 것이다. 다른 인간관계보다 조금 더 밀접한 관계를 맺고 살아가는 부부 관계는 화분에 물 주듯이 매일 가꾸고 관리하지 않으면 어느 순간 메마른 잎사귀가 되어서 저절로 떨어져버리고 그때는 다시 살릴 수도 없고 되돌아 갈 수도 없는 상태가 되는 것이다. 햇빛도 쐬어주고 물도 적당히 주고 잎사귀도 닦아주면서 사랑과 애정을 주어야 건강하게 자랄 수 있다. 부부의 사랑도 유통기한은 없다. 적당한 사랑과 관심이 존재할 때 서로 믿고 신뢰할 수 있는 사이가 지속 가능한 것이다. 얼마전 TV에서 100세 프로젝트를 본 적이 있다. 92세 노인이 사랑하는 사람을 매일 기다리는 것을 보게 되었다. 몸은 늙었지만 마음만은 젊은 마음 그대로라고 한다. 사랑은 관심이기에 가능한 것이다.

부부는 뿌리 깊은 나무

나의 경우도 결혼 생활의 많은 시간이 그렇게 지난 것에 놀라고 그 긴 시간 같이 산 것에 놀란다. 어느 날 정신을 차리고 보니 둘만이 덩그러니 남은 공간에서 중년의 남편이 나를 바라보고 있었다. 나이 들고 보니 놀랄 일만 많아진다. 젊을 때는 아이들 키우고 경제 활동 하느라 서로에 대한 관심을 가질 수 없었지만 지금은 서로에 대해 바라보는 여유가 생기자 자세하게 배우자를 관찰할 수 있게 되었다. 가만히 보니 언제 저렇게 늙었었는지 흰머리가 많이 생기고 얼굴에 주름도 많고 키도 줄어든 것 같아 보인다. 성격에도 변화가 생겼다. 옛날에는 호탕하고 거침이 없었는데 지금은 섬세하고 여성스러워지고 집안일도 나보다 더 잘한다. 슬픈 드라마 보며 눈물도 흘리고 이해심과 배려심도 많아져서 같이 지내는 내가 너무 편하다.

그러다 보니 어디 아프고 불편한 데는 없는지 고민은 없는지 서로 관찰하기 바쁘다. 영양제도 남편이 먹는 것과 내가 먹는 것이 다르다. 가지고 있는 자잘한 질병과 건강 상태가 다르기 때문이다. 아이들은 다 커서 자기 나름의 삶을 살고 있으므로 우리 둘만 서로 챙기면 된다. 아직까지 큰 병 없이 그동안 살아내었던 삶에 고마워하며 서로 행복해한다. 전쟁터에서 이기고 돌아온 동료처럼 몸과 마음이 아픈 곳은 치료받고 무기는 다른 것으로 바꾸고 재충전을 하며 나머지 인생을 준비하고 있다.

얼마 전부터는 남편 머리도 내가 직접 이발과 염색을 해주고 있다. 실력은 없지만 매번 미용실 가는 것을 별로 좋아하지 않는 남편이 편할 수 있다면 내가 해주면 되겠지라는 마음으로 시작하게 되었다. 배운 적이 없어서 삐뚤빼뚤할 때가 많지만 나를 믿고 머리를 맡겨주는 남편의 용기가 가상해서 매번 잘 자르려고 노력한다. 머리 자르는 날은 지지고 볶는 날이다. 오른쪽을 자르고 나면 왼쪽이 긴 것 같고 뒷머리는 잘못 자르면 바가지가 될 것 같고 그래도 두려워 말고 용기를 내어 싹둑 자르면 가슴이 덜컹한다.

이러다 보니 시간이 굉장히 오래 걸리고 남편이 앉아 있는 시간도 길어진다. 미안한 생각마저 든다. 욕실엔 머리카락 잔치이고 긴 시간 앉아 있는 게 지루하고 짜증날 것 같은데 남편은 잘 참아주며 천천히 하라고 이내 나를 안심시킨다. 이 시간이 우리 부부에겐 즐거운 일이 되어버렸다. 1년에 12번은 이발을 한다고 가정하면 나중에는 내가 미용사보다 더 잘 자르지 않을까? 미소를 지어본다. 아들들도 엄마 아빠가 까르르 웃는 소리에 작은 눈을 가자미처럼 실눈을 뜨고 흘깃 곁눈질을 하며 조그마한 행복을 느낀다.

얼굴의 점 하나도 기억해주자. 무엇을 좋아하는지 무엇을 원하는지 아프면 약봉지를 건네주고 좋아하는 커피를 건네주고 따뜻한 손으로 머리도 쓰다듬어주고 어떤 향기를 좋아하는지 어떤 꽃을 좋아하는지 머리 모양은 어떤 게 잘 어울리는지 배우자에게 사랑과 관심을 가져보는 것만으로도 부부 사이는 물론 아이들도 따뜻한 집안 공기로 인해 행복을 느끼며 살아갈 수 있을 것이다. 그 행복을 느끼게 하는 방법 중의 한 가지 명심해야 할 것이 있다. 배우자에게 사랑과 관심을 주면서 어떠한 대가를 바라서는 안 된다는 것이다. 대가를 바라는 사랑과 관심은 안 준 것만 못하다는 것이다. 서로 피곤해진다. 대가 없는 사랑이야 말로 진정한 사랑이다. 계산 없는 사랑말이다.

03

생활 속 유해물질로부터 가족을 지켜라

한 번 더 생각해보기

세상은 초고속으로 발전하여 달나라에도 가는 시대가 되었다. 편리성을 강조한 생활 전자기기를 비롯해서 매일 우리가 먹는 모든 먹거리 등을 전자렌지에 데워서 먹기만 하면 된다. 공기도 옛날에는 봄에 잠깐 황사만 조심하면 숨을 쉬는 데는 큰 문제가 없었다. 그런데 지금은 어떠한가? 일년 내내 미세먼지 때문에 마스크를 쓰고 살아야 한다. 지금은 여름 가을 겨울에도 사계절 등장한다. 우리의 호흡기 건강을 위협한다. 옛날에는 지구상의 모든 동식물은 공기를 무한대로 제약없이 사용할 수 있었지만, 지금은 인간의 욕심과 산업의 발달로 그 공기마저 편하게 사용할 수 없게 되었다.

마트에서 장을 볼 때도 유해물질이 다량 들어간 식품들이 진열대에 수북이 쌓여 있다. 썩지 않게 방부제며 색을 먹음직스럽게 하기 위해 색소를 넣고, 맛을 더욱더 좋게 하기 위해 조미료 감미료 설탕 소금 등 이루 헤아릴 수 없이 많은 성분을 넣는다. 또 포장은 대부분 편리하게 비닐로 되어 있다. 편의점에서 비닐 채로 렌지에 넣어 데워 먹는 게 생활이 되었다. 비닐 성분은 식품에 녹아들어 우리 몸에 조금씩 쌓인다. 어디 그뿐이랴? 전자기기에서 나오는 전자파는 얼마나 우리의 건강을 위협하는가? 집 안에 전자기기가 무엇이 있는지 세어보자. TV, 컴퓨터, 청소기, 공기청정기, 냉장고, 전자렌지 등 수를 헤아릴 수 없다. 전자기기를 가동했을 때 거기에서 나오는 유해물질도 건강을 위협한다. 전자렌지를 사용하면서 잘되고 있는지 가까이 가서 눈으로 안을 들여다보는 행동은 굉장히 위험하다. 또 불맛이 나야 맛있다며 음식을 튀기고 태우는 과정에서 유해 가스가 집 안 전체에 꽉 차서 숨쉬기가 힘들어진다.

빨래할 때도 옷의 정전기 예방과 향기를 내기 위해 유연제도 아낌없이 넣어준다. 얼마전 섬유유연제에서 미세 플라스틱이 검출되었다고 뉴스에서 나오는 것을 보고 적지 않은 충격을 받고 파는 모든 물건과 식품을 믿을 수 없게 되었다. 한 번쯤은 의심하고 성분을 자세하게 관찰하는 습관을 길러야 한다. 우리가 매일 먹는 채소와 과일도 농약에서 벗어날 수 없을 만큼 만연해 있고 유해 환경에서 재배되는 농산물이 많아지는 현실에서 점점 우리 아이들의 미래가 불안하고 가족의 건강이 위협받고 있다. 환경 자체가 건강하게 살아가기에는 힘든 구조이다. 이 속에서 가족의 건강을 지킬 수 있도록 부부는 노력을 많이 해야 한다. 아이라도 태어나면 더욱더 친환경이 되도록 신경 써야 한다. 우유병부터 입에 넣는 장난감도 유해물질이 없는지 잘 살펴서 선택해야 하고 집안 공기도 미세먼지 없는 날엔 환기도 잘해야 한다.

10여 년 전에 충분한 안전 검사 없이 독성 성분이 포함된 가습기 살균제를 출시했고 이 가습기 살균제를 장기간 사용해온 소비자들이 폐 질환 등의 심각한 피해를 입은 사건이 있었다. 많은 사람들이 이 가습기 살균제를 가습기에 넣고 사용해서 공기 중에 떠다니는 화학 성분을 호흡기로 들이마신 결과로 지금까지도 고통받고 있는 안타까운 사건이었다. 그 당시에 나도 아이들을 키우고 있었기에 가습기에 관심이 갈 수밖에 없었다. 마트에서 살균제를 보기는 했지만 잠시 마음속으로 생각했었다. 아무리 완벽하게 검증을 거쳐서 상품으로 나온 거라지만 공기로 분사되는 약품을 아이들한테 쓰기에는 믿음이 안 갔었다. 그냥 수세미로 깨끗하게 닦아서 순수한 물로만 가습하기로 마음을 먹고 그렇게 사용했었던 기억이 난다. 이 사건이 터지고 나는 가슴을 쓸어 내렸었다. 역시 신중하게 잘 생각한 내가 고맙게 느껴졌다.

그 이후로는 스프레이 형태의 물건은 기피하는 버릇이 생겼다. 우리 집에는 스프레이 형태의 물건은 아예 없다. 좋은 냄새 안 나면 어떠하리 자주 창문 활짝 열어 자연 환기 시켜주고 관엽 식물 몇 개로 집안 공기도 건강하게 하고 눈도 초록잎으로 힐링도 되고 일석이조 아닌가? 또 칫솔도 햇빛이 강한 오전 시간대에 창가에 내어놓아 자연 살균도 매일 시켜준다. 마트에 상품으로 나와 있다고 해서 다 안전한 건 아니라고 생각한다. 유심히 성분을 살펴보고 내 아이와 가족의 건강을 지킬 수 있는 물건인지 까다로운 눈과 지혜를 발휘해야 될 때다. 살아보니까 생활하는 데 최소한의 물건만 사용해도 생활이 다 가능하고 오히려 덜 씀으로서 가족의 건강을 더 지킬 수 있게 되었다.

최소한의 물건 사용하기

자본주의 사회가 발전하면 할수록 산업이 발달하고 사람들은 더욱더 편리함을 추구하기에 사람들 욕구에 맞는 물건들은 홍수처럼 쏟아져 나올 것이다. 제조 과정에서 유해물질이 계속 배출될 것이고 지구는 몸살을 앓을 것이다. 얼마 전부터 스몰 라이프가 유행했었다. 많은 사람들이 최소한의 물건만 구입하고 생활하는 모습을 매체를 통해서 봤었다. 나도 나이가 들어가니까 지구도 걱정이 되고 미래의 후손도 걱정이 되기 시작했고 나름대로 환경 지키는 데 도움이 되고자 작은 것 하나부터 실천하려고 애쓰고 있다. 예를 들면 먹을 만큼만 적당히 해서 음식물 쓰레기도 남기지 않으려고 노력하고 장 볼 때도 필요한 만큼만 장을 보고 시장바구니도 항상 가방에 휴대하고 다닌다. 분리수거도 하나하나 스티커를 떼어내고 세척도 한다. 빨래나 주방세제도 가급적 적은 양만 넣고 사용하려고 하고 빨래도 모았다가 세탁을 한 번에 한다.

내가 어릴 때만 해도 옷에 흙도 묻고 며칠씩 입었기 때문에 때가 많아서 손으로 싹싹 비벼주어야 때가 빠졌었다. 하지만 요즘은 흙이 묻었거나 묵은 때가 아닌 냄새가 나서 빠는 경우가 많다 보니 세제를 굳이 많이 쓰지 않아도 세탁기에 몇 번만 헹구면 빨래가 깨끗하게 느껴진다. 깨끗하다는 것은 화학 세제를 사용하여 세균을 죽이는 것이 아니기 때문이다. 오히려 깨끗하게 하려고 세제를 많이 사용하여 세제 찌꺼기가 빨래에 남아 그것을 그대로 입었을 때 피부에 자극이 되어 피부염을 일으킬 수도 있다. 또 화장품도 옛날에는 이것저것 많이 사용했지만 지금은 최소한의 것만 사용 중이다. 피부도 나이가 들어가면서 얇아지고 약해지는 느낌이 드는 데다 화학성분이 들어 있는 화장품을 한두 가지도 아니고 종류대로 다 바르다 보니 피부가 더 약해지는 느낌이다. 작은 것이지만 내가 할 수 있는 한도 내에서 노력하고 있다.

음식을 요리할 때도 가능하면 무농약 무항생제를 사용한 신선한 재료를 구입하려고 노력 중이다. 가격이 좀 비싸다는 단점이 있지만 먹을 만큼만 조금 사서 사용한다. 가족이 먹을 것이라고 생각하니 먹거리에 더 신경이 쓰이는 요즘이다. 밖의 음식과 인스턴트에 들어가는 양념을 본 적 있는가? 설탕과 소금 그 외의 이름도 모르는 알 수 없는 소스들로 범벅되어 맛만 강조해서 만들어진다. 한두 번이야 괜찮겠지만 자주 먹는다면 당연히 몸에 이상이 생길 수밖에 없다는 건 주변에 여러 사람과 미디어를 통해서 알 수 있을 것이다. 양념이 최소로 들어간 것을 먹어야 한다. 채소 하나하나에도 소금을 안 넣어도 그들 자체에 소금이 들어 있기 때문에 조금만 넣어도 맛있다. 재료 본연의 가지고 있는 맛을 존중하면서 씹어보자. 그 맛을 어찌 설탕과 소금으로 범벅한 맛이랑 비교할 수 있을까?

미경 씨는 6살 된 아들이 한 명 있다. 아들은 언제부터인가 피부 가려움증이 심해져 아토피라는 피부병을 앓고 있다. 미경 씨도 평소 피부가 좋진 않았지만 아들에게까지 유전이 될 줄은 몰랐다고 한다. 밤낮없이 가려움증으로 긁어대는 아이를 바라보는 부모의 마음은 말로 표현할 수 없을 것이다. 병원 가서 스테로이드 연고를 처방받고 발라주면 그때뿐이고 스테로이드 연고가 아토피를 근본적으로 치료하지는 못한다는 소리를 듣고 고민이 많았다. 어느날 자연요법으로 아토피를 고칠 수 있다는 정보를 접하고 실천해보기로 했다. 먼저 식재료를 유기농으로 바꾸었다. 재료의 가격이 비쌌지만 다른 것을 아끼더라도 아이를 위해서는 하고 싶었다.

육류와 생선 밀가루 음식을 멀리하고 우리나라 전통 음식인 밥 야채 된장찌개를 유기농 재료로 신경 써서 먹이고 있다. 풍욕이란 것도 해보라는데 아파트 생활하며 어려움이 있어 지금은 이사까지도 고려하고 있다고 한다. 아이도 힘들겠지만 엄마인 미경 씨가 힘들어졌다. 체력도 힘들고 스트레스가 많았다. 아이는 먹고 싶다고 하고 미경 씨는 안 먹이려고 하니 서로 밀고 당기는 과정이 둘 다 스트레스로 다가와서 힘들다. 학교가기 전에는 낫는다는 소리를 많이 들어서 그것이 사실이길 바라며 하루하루 버티고 참는 중이다.

환경을 생각하고 미래의 우리들의 아이들을 생각하며 조그마한 행동도 한 번 더 생각하고 최소한의 꼭 필요한 물건을 사용하면 어떨까 한다. 우리나라처럼 아름답고 쾌적한 나라는 없다. 참으로 살기 좋은 나라이다. 우선 내가 건강해야 하고 가족 구성원이 건강하면 우리나라 전체가 건강할 것이다. 요즘 2030세대는 환경에 대해 적극적이다. 친환경을 지향하고 배달하는 음식에도 용기가 친환경에 적합한 플라스틱이나 비닐 소재 대신 종이를 사용하거나 아이스팩 대신 얼린 생수통을 넣는 등 다양한 방식으로 포장재가 사용된 음식점을 적극 이용한다.

또 동물 복지에도 관심이 많아지면서 채식주의를 시도하는 사람도 많아지고 있는 추세이다. 클린 뷰티 산업에도 인체 유해 성분을 배제한 화장품에서 자연 유래 성분을 사용한 화장품을 추구하고 사회 전반적으로 2030세대를 중심으로 환경 지킴이에 적극적으로 참여함으로써 한층 환경을 보호하는 발판이 마련되고 있다. 이제는 물건을 살 때 단순히 가격만 보지 않고 자신의 가치를 부여하여 구매하는 MZ세대가 자랑스럽게 느껴진다. 우리나라의 미래가 밝게 느껴지는 건 나만의 생각일까?

04

집에 가고 싶어지는 인테리어법

집 안은 항상 깨끗하게 하자

결혼한 여자의 로망은 예쁜 집에서 예쁜 식기에 남편이랑 맛있는 음식 먹으며 소소하게 하루 있었던 일을 이야기하는 것이다. 결혼할 집의 인테리어도 미리 가서 리모델링도 하고 살림살이도 어디에 놓을지 고민도 하며 남편이랑 계획을 짠다. 한 쌍의 새들도 둥지 틀 때 보면 견고하고 튼튼하게 한치의 게으름도 없이 부지런히 나뭇가지로 물어다 짓는다. 예비부부도 가구는 어떻게 놓으면 좋을까? 식탁은 어느 방향으로 놓을까 고민하고 침대와 쇼파 등은 디자인과 색상은 어떤 게 우리 집에 어울릴까? 행복한 고민을 하게 된다. 여러 가지로 바쁘다.

시대에 맞추어 삶의 질을 높이기 위해서 심플하면서도 정돈된 인테리어가 대세를 이룬다. 또 집에서 건강을 위해 헬스방을 만들어 사용하는 사람들도 늘어나면서 기존의 잠만 자는 집의 의미에서 단순히 집은 머무는 공간이 아닌 휴식은 물론 일의 업무까지 할 수 있는 통합의 공간이 되었다. 또 MZ세대는 나만의 개성을 중시하는 트랜드를 가지고 있는 만큼 직접 만드는 것을 추구하기 때문에 그것에 적합한 전자제품도 구매하여 하루 종일 나가지 않고도 커피며 쿠키 아이스크림 같은 디저트까지 만들어 먹는 시스템의 집 꾸미기에 열성이다. 또 리모델링을 통해 공간의 부족이나 불편함을 개선해나가는 적극성을 보이고 있다. 가구나 비싼 그릇에도 관심이 많아 구매하는 데 망설임이 없다.

〈대학 내일〉 20대 연구소에서 조사한 내용을 보면 2030세대는 전문가가 제시해준 인테리어보다 자신이 직접 인테리어 하는 것을 선호한다고 한다. 잠자는 공간이 1순위, 휴식을 취하는 공간이 2순위, 취미를 즐기는 공간이 3순위로 인테리어 의향이 높게 나왔다. 또 인테리어 한 후에 정서적인 안정감과 삶의 질 상승 등의 긍정적인 변화가 있었다. 또 요즘 재택근무로 집에 머무는 시간이 증가함에 따라 집 인테리어에 더 많은 관심을 가지고 있었다. 인테리어에 관한 정보는 인터넷에 많은 채널에서 도움을 받을수 있다. 2030세대는 인테리어도 개인의 개성이 잘 드러나도록 잘한다.

집이란 마음이 편하게 쉴 수 있는 공간이므로 편안함을 기본으로 두고 꾸미면 된다. 집 평수에 비해 가구나 짐이 너무 많으면 부담스럽고 지저분해 보인다. 사실 가구는 사는 사람의 편의성에 의해 존재하는 물건이므로 사는 부부의 취향과 편리성을 고려하여 준비하면 된다.

신혼 때는 둘만 사는 공간이고 주택이 임대인 경우도 많기 때문에 가격이 너무 비싸거나 덩치가 너무 큰 것은 피하는 것이 좋다. 나중에 이사할 때 많이 불편하기도 하고 이사하면서 고장도 날 수 있기 때문이다. 전자제품 같은 경우는 한 번 사면 10년 가까이 쓰기 때문에 마음에 들고 어느 정도 주택 평수가 허락한다면 큰 제품으로 선택하는 것이 좋다. 아이라도 태어나면 금방 3인, 4인 가족이 되기 때문이다.

집에 들어가는 입구인 현관은 항상 깨끗하게 정리 정돈이 되어 있어야 한다. 우리 집의 첫인상이기 때문에 깨끗해야 하고 들어오고 나가는 데 불편해서는 안 되는 공간이다. 안 신는 신발들은 신발장 안에 다 넣어두길 바란다. 티브이에서 보면 연예인들이 신발이 많다 보니까 현관 바닥에 줄지어 놓여 있는 것을 종종 보게 되는데 이런 현관의 모습은 좋은 모습이 아니다. 분리수거할 때나 음식물 버리러 갈 때 신는 신발 한 켤레 정도만 꺼내놓고 사용한다. 단정하고 깨끗해 보여 처음 들어오는 사람이 기분까지 좋게 된다. 현관에 예쁜 꽃도 꽂아놓으면 더욱 화사해진 현관을 볼 수 있을 것이다. 다음은 거실의 공간인데 거실은 가족 모두의 공간으로 편하게 이야기도 나눌 수 있는 공간이다. 지나다니는 길에 짐이 쌓여 있거나 줄이 있어 건너다니면 불편하고 다칠 위험도 있다. 거실도 마찬가지로 쓸데없는 물건은 치우고 깨끗하고 정리 정돈이 잘되어 있어야 한다.

거실 테이블은 유리 소재보다 목재 테이블이 무난하고 가족의 정서적인 안정을 취하는 데 많은 도움이 된다. 또 거실 평수의 비해 소파가 너무 큰 것은 좋지 않다고 한다. 편안하고 정돈된 거실에서 가족과의 이야기꽃을 피우며 맛있는 간식을 먹는 모습은 생각만 해도 기분이 좋아진다.

주방은 가족의 건강을 책임지는 맛있는 음식을 만들어내는 중요한 역할을 담당하는 곳 중 하나이다. 식구들이나 집에 온 손님들에게 대접하는 음식을 맛있게 만들기 위해서는 주방은 부부에겐 대단히 중요한 곳이기도 하다. 주방도 편안한 목재가 가족의 건강과 화목에도 큰 도움이 된다. 주방에서 일하면서 음악을 들을 수 있는 라디오나 오디오 같은 것도 준비해두면 즐겁게 요리할 수 있다. 환풍기가 낡고 더러우면 깨끗이 청소를 하고 새것으로 바꾸어주자.

안방의 인테리어는 부부가 함께 쓰는 공간이므로 안정과 건강을 염두에 두고 편안하게 꾸미자. 침대는 벽에 붙여놓는 경우가 많은데 벽과의 거리가 30cm정도 떨어져 있는 것이 보기도 좋고 청소하기도 좋다. 침대 머리 위에 액자 같은 장식품은 떨어지면 위험할 수 있기 때문에 하지 않는 것이 좋다. 안방은 화려한 분위기보다 차분한 분위기를 만들어야 마음 편하게 쉴 수 있다.

다음은 욕실의 인테리어다. 욕실은 가족이 밖에서 먼지나 오염 물질을 닦아내고 배출하는 공간이다. 욕실이야 말로 최고로 깨끗해야 되는 곳이다. 더럽다고 신경 안 쓰면 더 더러워지기 때문에 부부가 순번을 정해 청소하지 않으면 안 된다. 필요 없는 것은 밖으로 내어 보내고 꼭 필요한 것만 두면 한결 깨끗해 보일 것이다.

집 안이 깨끗이 정돈되어 있다면 가족 모두 심신의 안정을 취하며 행복한 가정을 가꾸어가는 데 큰 도움이 된다. 집 안이 지저분하고 살림살이가 여기저기 흩어져 있으면 편안한 마음을 갖긴 힘들어진다. 가족들이 편안한 쉼터에서 재충전하고 생활할 수 있도록 편안한 인테리어를 해보자.

05

육아, 부부가 함께 해라

눈이 오는 줄 몰랐어요

아이가 태어나면 부부는 정말 바쁘다. 아기는 하루종일 엄마와 아빠의 손길을 필요로 한다. 우유 먹이고 뒤돌아서면 기저귀 갈아줘야 하고 목욕도 시원하게 시켜달라고 보챈다. 어디 그뿐인가? 같이 놀아달라고 하면 영혼 없는 까꿍 놀이를 끝없이 해주어야 하며 어디 아픈 데는 없는지 살펴야 하고 열이라도 나면 한밤중에라도 병원을 찾아야 한다. 예방접종도 때에 맞추어 해야 아기가 건강하게 잘 자랄 수 있다. 걷는 시기가 되면 넘어지는 일이 많아 다치지 않게 집중해서 아기를 돌보아야 한다. 이때 잠깐 다른 데 신경 쓴 사이 아기는 위험에 노출되어 다치기도 한다. 뜨거운 것을 만져서 화상을 입을 수도 있다. 엄마 아빠의 잠깐의 실수로 상처가 남는다면 얼마나 안타까운 일인가?

내가 아이들 키울 때만 해도 남편들은 육아보다 직장과 일에만 매진하는 시대였기 때문에 육아는 모두 나의 몫이 되었고 나는 하루가 어떻게 지나가는지 모르게 두 아이 돌보는 데 나의 모든 것을 내어주었다. 어느 날은 몹시도 몸이 아팠고, 어느 날은 마음이 아파서 누워서 지내기도 했었다. 하늘의 해가 떠 있는 것이 해인지도 몰랐었다. 긴긴 시간 아이들을 돌보면서 나의 몸과 마음은 지쳐갔고 나에게만 시간이 멈춘 것 같았다. 이 시간이 지나갈 것 같지 않았다. 평생 살아오면서 지금처럼 힘든 일을 해본 적이 없었다. 아무리 힘든 일이라고 해도 기간이 정해져 있었다는 사실이다. 하지만 아이를 키우는 기간은 너무 길다. 단순히 아이를 키운다는 것은 먹이고 재우고 놀아주는 게 다가 아니다. 정신적인 부분도 어려움이 컸었다. 어디에다 나의 하소연을 해야 할지 몰라 혼자 속으로 모든 것을 감내해야만 했던 시간들이었다.

반면 남편은 항상 한겨울에 눈이 펑펑 오는 날이면 늦게 퇴근해서 오면서 나에게 전화를 한다. 지금 아이들 자면 밖으로 나오라고 말이다. 지금 주먹만 한 눈이 펑펑 쏟아진다고 너무 아름다워서 같이 걷고 싶다고 했다. 나에게는 눈도 보이지 않았다. 하루종일 아이들한테 시달려서 피곤에 찌든 몸과 마음으로 자고 싶은 마음이 더 많은 나에게 눈이라니!!!

남편이 철이 없다는 생각이 들었었다. 나는 코를 씰룩거리며 속으로 개띠도 아니면서 눈을 왜 이렇게 좋아해?! 하면서 싫다고 했다. 한참 뒤에 남편은 실망해서 들어왔다. 눈이 오니까 옛날 생각이 나서 나랑 걷고 싶었다고 했다. 나에게 그런 낭만적인 시간을 즐길 수 있는 여유가 있었단 말인가?

이 모든 일들을 아내 혼자서 감당하기에는 어려움이 있다. 요즘에는 아내들도 직장 생활 하는 경우가 많기 때문에 남편들의 육아 참여는 당연시되어지는 추세다. 사실 아내가 집에서 전업주부로 있어도 보통 힘든 일이 아니다. 해본 사람만이 알 것이다. 어떤 남편은 집에서 아기만 키우니까 편할 거라고 생각하는 사람도 있다. 하지만 하루를 지켜보라. 마냥 편하지만은 않다는 것을 몇 시간도 지나지 않아서 알게 될 것이다. 아이가 두 명이라면 누군가는 전업주부 역할을 해야 할지도 모른다. 두 아이를 돌보면서 부부가 경제 활동을 한다는 것은 참으로 힘든 일이고 아이도 부모도 안정된 정서를 기대하기 힘들 수도 있다. 갈수록 아이를 키우는 일은 어려워지고 있다.

남편은 육아의 달인

창민 씨는 결혼 5년 차이고 아내는 현재 아이 두 명이라 육아 때문에 전업주부이다. 창민 씨는 중학교 교사로 근무 중이다. 하지만 얼마 전에 육아 휴직을 6개월 신청해서 5개월째 아이들을 돌보고 있다. 아내가 연년생인 아이들을 돌보는 것을 너무 힘들어해서 도움을 줄 수 있는 부분이 없을까 생각하다가 육아 휴직을 활용하기로 했다. 아이들을 돌보기 전에는 퇴근해서 돌아오면 아이들은 아이들대로 어수선하고 주방의 설거지는 쌓여 있고 빨래며 화장실 청소도 안 해서 냄새가 나고 아내는 아내대로 짜증에다 무기력한 모습에 실망스럽기도 해서 그런 모습을 보고 솔직히 속으로 아내 욕을 했다고 한다. '하루종일 집에서 있으면서 설거지는 쌓여 있고 집 청소도 안 하고 뭐했나….'라고 말이다.

하지만 지금은 그런 생각은 못 한다. 아내에게 미안한 마음이 크다고 한다. 아내는 창민 씨가 휴직하는 동안 취미 생활을 하며 잠깐 쉼을 갖기로 했다. 그동안 만나지 못했던 친구들도 만나고 배우고 싶은 것도 배우면서 여행도 잠시 다녀올 생각이다. 아내가 하루종일 집을 비우는 날이면 창민 씨는 땀이 날 정도로 당황하고 힘들다고 한다. 연년생인 아이들 뒤치다꺼리에 허리가 휠 지경이라고 한다. 두 아이들이 잠을 잘 때 재우는 시간도 많이 걸리고 겨우 재우면 둘째 아이는 놀아달라고 하고 둘째 아이가 졸리워서 투정부려서 아이를 달래서 겨우 재우면 첫째가 깨어나고 하루 12번의 잠을 재우고 깨고를 반복했다고 한다. 이제는 아내가 하루 온종일 비우는 날에는 그 전날부터 긴장이 되어 걱정부터 앞선다고 한다. 아이들만 보는 상황에서 주방일은 만지지도 못하고 밥도 아내가 아침에 차려놓고 가는 것을 간신히 먹는다고 한다.

이런 생활을 아내에게 혼자 다 맡겨놓고 직장만 다닌 자신이 부끄럽게 느껴졌다고 한다. 화장실에서 냄새가 날 정도로 청소 못 하는 것도 당연하고 씽크대에 설거지가 쌓이는 것도 맞다. 사실 처음 창민 씨가 육아 휴직을 한다고 하니까 주변 사람들의 시선이 이상하다는 듯이 바라봤다는 것이다. 왜 멀쩡히 다니는 직장을 경력 단절을 하냐고 말이다. 아이하고 추억이나 쌓자고 육아 휴직을 신청한다고 시선이 곱지 않게 보았다고 했다. 또 육아 휴직 수당도 그렇게 많지 않아서 생활하는 데 조금 불편한 면도 없지 않았다. 그나마 창민 씨는 다른 직종에 비해 혜택이 좀 있는 편이라 좀 적게 나와도 몇 달은 버틸 수 있으리란 계산에서 시작하게 되었던 것이다. 육아를 해보고 느낀 점은 복직을 해도 육아를 아내 혼자 하기에는 너무 힘들기 때문에 도와주어야겠다는 생각이 많이 들었다고 한다. 재활용 분리수거도 적극적으로 하고 화장실 청소는 그동안 아내가 했었는데 창민 씨가 전적으로 맡아서 하기로 했다고 한다. 그 외 집안일도 같이 최대한 도와주기로 마음먹었다고 한다. 그냥 퇴근 후에 잠시 잠깐 볼 때 하고는 현실의 차이가 많이 났다고 했다.

남편들도 육아를 많이 힘들어한다. 직장에서 하루종일 일하고 겨우 일을 마무리하고 녹초가 되어서 집에 가면 아이들 돌보느라 아내가 힘들다며 도와달라고 해서 이것저것 하다 보면 퇴근이 아니라 다시 출근한 기분이라고 한다. 남편은 남편대로 아내는 아내대로 힘든 것이 육아이다. 그래서 어쩌란 말인가? 사랑하는 내 아이들이다. 건강하고 예쁘게 잘 키워야 한다. 딱 20년만 부부가 고생하면 멋지게 성장한 아이들을 만나게 될 것이고 멀게만 느껴지겠지만 생각보다 시간은 금방 간다. 그렇게 키워놓고 부부만의 시간을 가지면 된다. 100세 시대이다. 인생에 있어서

20년만 나의 분신을 위한 시간을 투자하는 것을 누가 아깝다고 하겠는가? 인생 전반을 투자하라는 게 아니다.

내가 어릴 때 먼 친척 언니가 있었다. 언니는 경제력이 튼튼하지 않아서 매일 사는 게 힘들어서 우리 엄마한테 가끔씩 놀러와서 투덜거렸다. 엄마의 친척 조카였었다. 딸이 두 명이고 밑으로 쌍둥이 아들 둘을 더 낳았었다. 모두 자식이 네 명이었다. 가끔 놀러가면 아이들이 여기저기 뛰어다니고 어수선했다. 형부는 우리 아버지가 연탄 공장에 취직을 시켜주었다. 그나마 다행이었다. 육체적으로 힘들게 일하며 간신히 여섯 식구가 먹고살았다. 가끔 우리 집에 오면 엄마가 쌀과 누룽지를 모아놨다가 주곤 했었다. 어린 내가 봐도 언니가 너무 힘들어 보였었다. 항상 얼굴은 거무튀튀하고 옷과 머리는 부스스하고 뭔가 불안해 보였었다. 지금 생각해보면 언니가 못 배워서 그렇지 머리가 좋았던 것 같았다. 언니는 순간적인 융통성으로 이리저리 머리를 써가며 가정을 이끌어갔다.

그런 모습의 부모는 아랑곳하지 않고 아이들은 무럭무럭 자랐다. 나도 어느덧 성인이 되고 들려오는 소문에 아이들이 공부를 잘해서 쌍둥이들은 한 명은 일본에서 한 명은 중국에서 사업을 크게 한다고 했다. 돈도 많이 벌었다고 한다. 어느 날 언니가 우리 집에 놀러 왔는데 옛날의 그 모습은 온데간데없고 얼굴에 윤기가 흐르고 멋진 옷에 살도 두툼하게 찌고 여유로운 모습으로 나타나서 깜짝 놀랐었다. 형부랑 둘이서 놀러 다니며 행복하게 살고 있다고 한다. 나는 속으로 생각했다. "그래. 그렇게 고생하더니 미래가 안 보이고 곧 어떻게 될 것 같더니 그 시간은 금방 가는구나. 어떤 것이든 영원한 건 없어."라고 생각했었다.

시대가 이젠 변했고 육아 휴직이란 말도 생소하지 않다. 사회적인 분위기도 육아에 많은 배려를 해주는 제도도 생겼다. 부부가 같이 경제 활동을 하니까 누군가는 육아 휴직을 받아서 아이를 어느 정도 돌보다가 복직하고 서로 번갈아가며 휴가를 받는다. 또 어린이집, 베이비시터 등도 활용하고 많이 힘들고 어렵겠지만 여러 가지 방법을 찾아내어 부부가 합심해서 적극적으로 키운다면 혼자 고독하고 힘겹게 육아를 하진 않을 것이다.

요즘 남편들은 예전에 남편들의 비하면 섬세하고 육아 지식도 많은 편이다. 목욕도 잘 시키고 기저귀도 잘 갈아주며 우유도 잘 먹이고 유치원과 학교 행사에도 적극적이다. 또 어떤 남편은 전업주부를 선언하며 아내보다 요리며 육아를 더 잘한다. 일을 마지못해 짜증 내면서 하고 조금도 손해 안 보려고 계산하면서 서로에 대한 배려 없이 육아와 살림을 해나간다면 아이들도 사언적으로 사랑 없는 아이들로 성징하게 될 것이다. 부부가 서로 의논해서 규칙을 정하고 지킬려고 노력하며 사랑하는 마음으로 서로를 도와주려고 애쓰다 보면 말을 하지 않아도 따뜻한 마음을 알게 되고 고마움을 느끼게 된다. 그리고 고마운 마음은 또 다른 배려를 낳고 감동을 준다. 이렇게 부부가 같이 노력하고 힘든 부분을 해냈을 때 가정의 정서적 안정과 행복이 찾아오고 아이들도 건강하게 성장하게 되는 것이다.

06

아이에게 배우자 칭찬하기

임금님 귀는 당나귀 귀

아이는 어떤 생각과 사고를 가지고 있는 부모와 같이 살고 있는지가 중요하다. 주변 환경이 자라는 동안 아이의 모든 몸과 마음을 성장시키는 데 큰 원동력이 될 것이기 때문이다. 부부 사이가 좋은 부모 밑에서 자란 아이는 결혼에 대한 생각도 긍정적이다. 엄마 아빠가 사이좋게 살아가는 모습을 보고 자라면 아이 정서도 안정적으로 자리를 잘 잡는다.

보고 듣는 것이 엄마 아빠가 매일 싸우고 짜증 내고 험담이나 하면 아이는 불안하고 불만족스러운 성향으로 자란다. TV에서 보면 부부가 소리 지르고 싸우는 동안 아이는 이불을 뒤집어 쓰고 불안해하는 모습을 볼 수 있다. 아이를 키우는 부모가 해야 할 행동은 아닌 것 같다. 결혼해서 아이를 낳고 키우면 아이에게 초점을 맞추어 말 한마디라도 생각해서 해야 할 일이다. 배우자가 없는 사이에도 아이한테 배우자 욕을 한다든가 흉을 보면 아이는 엄마 혹은 아빠를 나쁜 사람이라는 인식을 하게 될 가능성이 크다. 아이는 미성숙한 인격이므로 부모가 말하는 모든 것이 옳다고 믿을 수 있기 때문이다.

주아 씨는 초등학교 3학년, 6학년 아들과 딸을 키우고 있다. 주아 씨는 아이들 교육에 열심이다. 방학이면 아이들 학원 설명회도 다니고 아이를 직접 데려 가서 테스트도 받게 하고 좋은 학원이나 과외 수업을 열심히 지원하고 있다. 남편은 아내의 아이들 교육하는 것을 그렇게 마음에 들어 하지는 않는다. 남편은 마음 편하게 즐기듯이 공부하기를 바란다. 부모가 반강제적으로 하는 그런 공부가 아닌 아이들의 적성과 잘하는 과목을 나누어서 아이가 원하는 방식으로 자유롭게 공부하기를 바란다. 부부가 의견이 달라 가끔 남편과 큰소리로 아이들 교육에 대해 얘기할 때면 아이들은 조용히 자기 방으로 간다.

그리고 어느 날 6학년인 딸아이가 주아 씨가 가길 원하는 학원을 안 간다고 짜증을 내는 것이다. 주아 씨는 참 답답했다. 어렵게 테스트를 거쳐서 들어간 학원을 왜 안 간다고 하는지 이해가 되지 않았다. 조용히 딸아이한테 물어봤다. 왜 안 간다고 하냐고 딸아이의 대답은 아빠 말대로 엄마가 강제적으로 시킬려고 하는 게 싫다는 것이다. 이 학원 저 학원 숨이 막혀버릴 것 같다고 했다. 아이들은 부부의 대화를 한 가지도 빠뜨리지 않고 다 듣고 판단하고 있었던 것이다. 아빠의 말에는 엄마인 주아 씨가 신뢰할 수 없는 교육관을 가지고 있다는 것을 아이들에게 객관적으로 알려주는 역할을 했던 것이다. 그러면 앞으로는 엄마인 주아 씨는 아이들 앞에서 믿고 신뢰할 수 있는 엄마가 되기 힘들 것이다.

명지 씨는 틈만 나면 남편 흉을 본다. 딸만 두 명 있는데 아이들은 중학교 2학년과 고등학교 1학년이다. 남편하고 전화로 통화할 때도 고스란히 남편 비난하는 소리가 집 안에 흐른다. 집 안에서도 일상생활할 때도 남편을 향한 명지 씨의 잔소리는 끝이 없다. 명지 씨의 친구 남편은 직장에서 진급해서 월급이 얼마가 올랐는데 우리는 매일 정체되어 있다고 짜증

섞인 말로 남편의 자존심을 건드리기 일쑤이다. 어느 순간 아이들이 아빠를 대하는 모습이 투명인간처럼 대한다. 아빠가 큰 잘못을 저지른 사람처럼 아빠가 다가오면 슬쩍 피한다. 남편은 집에 들어오면 반가워해주는 사람도 없어 외롭고 고독하기까지 하다. 아내의 잔소리는 끝날 줄 모르고 아이들은 사춘기에다 여자아이들이다 보니 아빠를 이해해주지 않는 모습이다. 가족이 찬바람만 분다. 남편은 요즘 집에 들어가기가 싫다.

내가 어릴 때 우리들 앞에서 가끔 엄마가 아버지 흉을 볼 때가 있다. 그때는 아버지가 나쁜 사람이라는 생각을 잠깐 한 적이 있었다. 그런데 어느 순간 나는 아버지와 나와의 관계는 괜찮았기 때문에 엄마와 아버지와의 관계라고 생각하게 되었다. 나는 이 다음에 내 아이한테 절대로 배우자 흉을 보지 않겠다고 생각했었다. 그 순간 화가 나면 배우자 욕도 하고 싶고 흉도 마음껏 보고 싶다. 마음을 진정시키기가 쉽지 않다. 혼잣말로 했어도 옆에서 아이가 듣고 있다면 아이한테 한 것이나 다름이 없다.

아이 뇌는 스펀지처럼 엄마 아빠의 하는 말을 아낌없이 흡수했을 것이다. 그런 뒤의 엄마 아빠를 마주했을 때의 아이 모습을 상상해보라. 이유 없이 나쁜 사람이라는 생각을 할 확률이 높다.

어느덧 나도 두 아들을 키우는 엄마로 살아가고 있었다. 남편 흉을 보지 않겠다던 생각은 지금까지도 잘 지켜지고 있다. 사실 남편 흉을 볼 일도 별로 없을 정도로 가정적이며 성실한 사람이다. 아주 가끔 남편 흉을 보고 싶어도 '임금님 귀는 당나귀 귀'에 나오는 사람처럼 마음 속으로 흉을 보다 안 되면 집에 아무도 없을 때 마음껏 소리쳤다. '임금님 귀는 당나귀 귀'라고 말이다. 그러면 마음이 풀어지는 마법을 느낄 수 있게 되었다.

나는 이 세상에서 아들들이 가장 무서운 존재이다. 두 명이니까 눈은 네 개가 된다. 자식한테 신뢰받지 못하는 부모는 실패한 인생을 산 것이다. 그보다 슬픈 일은 없을 것이다. 사회적으로 알아주는 성공을 하고 돈을 많이 벌었음에도 자식들이 부모를 존경하지 않으면 그 수많은 성공과 돈은 물거품에 지나지 않는다. 과연 그 인생이 성공한 인생이란 말인가? 자식들 보기를 부끄럽게 여겨야 할 것이다.

설령 사회적으로 성공하지 못하였더라도 조금 가난하더라도 하늘을 우러러 한 점 부끄러움 없이 산 삶이야말로 자식들에게 떳떳한 부모가 될 것이다. 사회적으로 성공도 하고 떳떳한 삶도 살았다면 금상첨화일 것이다.

배우자의 칭찬과 걱정을 아이들에게 해주자

배우자 욕과 흉을 아이들에게 해주는 대신 오히려 칭찬과 걱정을 하기로 마음먹고 실행을 했다. 남편이 퇴근할 때쯤 눈이나 비가 오면 나는 아이들한테 얘기한다.

"어머나! 아빠가 이렇게 눈이 많이 오는데 미끄러지지 않고 무사히 잘 오실 수 있을까? 엄마는 너무 걱정이 된다. 어쩌지?"

아이들은 베란다에 나가서 유리문에 붙어서 "아빠, 조심해서 오세요." 라며 걱정하는 마음으로 큰소리로 외친다. 나는 조용히 미소를 지으며 "너희들은 오늘도 나한테 세뇌당하는 거야."라고 즐거워 했었다.

어느 날은 아이들이 피자 먹고 싶다고 해서 피자가 배달이 왔다. 난 주방일로 바빠서 정신이 없는데 시간이 한참 지났는데도 아이들이 피자를 안 먹고 포크만 들고 앉아 있는 것이 아닌가? 그래서 왜 안 먹느냐고 물어보니 아빠가 아직 욕실에서 안 나오셨다고 기다리는 중이라고 하는 게 아닌가? 어머나, 너무 기특하지 않은가? 남편 흉 안 보고 칭찬한 효과를 보는 기쁜 순간이었다. 이윽고 남편이 욕실에서 나와서 "자! 우리 피자 먹자!!" 했더니 그때서야 아이들이 피자를 먹기 시작했다. 아이들을 키우다 보면 조그마한 일에도 감동을 받는다. 엄마들의 특징인 것 같다.

두 아들이 자라는 동안 아빠에 관한 모든 일도 일상생활처럼 내 입을 통해서 생중계가 되었다. 본인 입으로 얘기해서 듣는 거와 타인이 객관적으로 얘기해주는 것은 듣는 사람의 입장에서 보면 가슴에 와 닿는 것이 다를 것이다. 어느 날 남편한테 내 얘기도 아이들한테 많이 좀 해달라고 얘기했었다. 그래야 공평하지 않은가? 했는지 안 했는지는 모르지만 두 아들이 나한테 하는 것을 보면 짐작할 수 있다. 엄마인 나한테도 잘한다. 지금 남편은 두 아들한테 최고의 대우를 받고 지낸다. 듬직한 아들들과 가끔 술도 한 잔씩 하면서 아들들의 최고의 호위를 받으며 말이다. 큰아들은 아빠가 좋아하는 술을 여행갈 때마다 사 온다. 아빠 생각나서 샀다고 한다. 아빠한테 세상의 좋은 술은 다 맛보게 하고 싶다고 한다. 내가 부러울 정도다. 가끔은 심술이 날 때도 있고 후회도 해본다. 내가 과한 칭찬과 걱정을 했구나라고 말이다.

요즘은 너도 나도 재테크 열풍이 불어서 부동산 투자며 금융 투자에 관한 공부를 열심히 한다. 시대가 많이 변해서 한 가지 직업으로 생존하기 어렵기 때문이다. 하지만 생존도 중요하지만 더욱더 중요한 것이 있다. 그런 재테크보다 더 수백만 배 불릴 수 있는 재테크가 있다. 서로 배우자에 대한 칭찬과 진심 어린 걱정을 아이들에게 이야기해보자. 부모 생각하는 따뜻한 아이로 성장할 것이다. 그렇게 했을 때 엄청난 재테크라는 것을 머지않아 알게 될 것이다.

07

인사 잘하는 아이로 키우기

공부보다 인사성 있는 아이가 성공한다

나에게 자식이 생기면 어떻게 어떤 아이로 키울 것인가? 한 번쯤은 생각해봤을 것이다. 상상만 해도 너무 예쁘고 귀여워서 나도 모르게 미소가 나온다. 이런 생각은 결혼 전부터 자주 상상해보는 것이 좋다. 결혼 전에는 시간도 많고 마음대로 상상할 수 있는 시간도 충분하기 때문이다. 조카나 주변 아이들을 보면서 연구도 해보고 그 아이의 부모를 자세하게 살피며 미래의 나의 자식에 대해 어떻게 키울 건지 미리 상상해보는 건 어떨까? 지금 직장 다니고 생활하기도 바쁜데 웬 태어나지도 않은 아이 교육이냐며 볼멘소리를 할 수도 있을 것이다.

하지만 결혼으로 입문하는 순간 모든 일이 빨리 진행되고 눈깜짝할 사이에 아이 부모가 되어 있을 수도 있을 것이다. 그때 가서 아이를 어떻게 키울 것인가를 생각하기에는 그때야말로 아이 기저귀 갈고 우유 먹이고 육아에 바빠서 아무 생각을 할 수도 없는 현실에 직면할 수 있다. 그래서 되는 대로 그때그때 임시로 대응하면서 키우게 된다. 그렇게 시간이 가면 세월이 흐른 뒤에 그때 이렇게 해주었어야 하는데 하고 후회 아닌 후회를 한다. 지금 자식을 다 키워내고 중년 이상의 부모들이 자주 이런 후회를 하며 슬퍼하는 모습을 종종 본다.

모든 부모는 다 처음 아이를 키워본다. 처음 키워보니까 시행착오도 많이 겪고 생각지도 못한 일에 당황하고 실수도 하고 그래서 또 괴롭기도 하다. 아이를 키운다는 것은 몸도 힘든 데다 마음도 항상 긴장하고 편하지 않다. 요즘 같은 시대에는 정말 자식을 잘 키워야 할 책임을 가져야 한다. 스마트폰에다 컴퓨터의 폭력적인 아이템들 각종 미디어의 발달로 인해 아이들 정서가 위협받고 있기 때문이다. 이 세상에 나로 인해 태어나는 아이를 내가 책임지고 잘 키워야 할 의무가 있고 그 의무를 다하지 않았을 때 그 파장은 지구가 멸망할 수도 있을 만큼 큰 파장을 불러올 수도 있을 것이다. 자식을 키운다는 것은 그렇게 간단하고 쉬운 일이 아니다. 내가 키운 아이가 세계를 구하는 위인이 될 수도 있고 사회에 민폐만 주는 사람으로 될 수도 있기 때문이다. 부모는 그런 무거운 책임감을 가지고 아이를 키워야 함은 물론이고 세상에 빛이 되고 소금이 되는 멋진 아이로 성장할 수 있도록 도와주는 역할을 해야 할 1차적인 사람이 부모이다.

내가 아는 지인의 남편은 택시 운전을 한다. 가끔 만나면 고객에 대해 얘기하며 요즘 젊은 친구들에 대해서 이런 얘기를 한다. 인성이 된 친구들은 택시 타면서 인사부터 한다는 것이다. 존대를 쓰며 예의가 있다는 것이다. 그렇지 않은 예의랑 거리가 먼 친구들도 당연히 존재한다고 씁쓸한 표정을 짓는다. 내가 키운 자식이라면 어떤 것을 원하는가? 당연히 전자일 것이다. 실제로 보면 저절로 미소가 나올 수 있는 그런 예의 바른 젊은이 아닐까? 옛날에도 그랬고 앞으로 천년이 지나도 예의 있고 인사 잘하는 사람에게 손가락질할 사람은 없을 것이다. 모든 사람이 보는 눈은 똑같기 때문이다.

우리나라는 예로부터 동방예의지국이라 불렸다. 그만큼 예의를 깊이 있게 가르치고 예의를 중시했던 민족이다. 지금은 많이 흐려졌지만 그래도 사람의 기본이 흔들리는 것을 원하는 사람은 없을 것이다. 윗사람을 공경할 줄 알고 아랫사람을 사랑할 줄 아는 사람으로 지킬 수 있는 기본 중에 기본을 아이한테 부모로서 어릴 때부터 가르치고 또 부모가 먼저 모범을 보임으로서 저절로 아이가 배울 수 있도록 참교육을 시켜야 될 것이다. 사실 모범이라는 단어가 부모 노릇하기 어려운 부분이므로 육아를 망설이게 하는 하나의 이유가 될 수도 있다. 당연하게 받아들여야 한다. 아이를 낳고 키우는 세상에 태어나서 가장 위대하고 신비로운 일을 하는 것은 누구나 할 수 있지만 아무나 할 수 있는 일도 아니기 때문이다. 그 위대한 일을 하면서 그 정도는 감수해야 하지 않을까? 그리고 그 보람은 이 세상을 다 준다고 해도 바꿀 수가 없을 만큼 성취감이 크다. 해볼 만한 가치가 충분히 있다.

아이가 유치원을 들어가면 두 손을 배꼽에다 모으고 90도로 인사부터 가르친다. 조그만 입에서 '안녕하세요'라며 제비처럼 앙증맞고 야무지게 인사를 한다. 얼마나 예쁜지 보는 사람마다 칭찬한다. "고맙습니다", "감사합니다", "미안합니다", "죄송합니다"라는 말이 적재적소에 나올 수 있도록 가르쳐야 된다. 예절은 남을 위한 것이 아닌 자기 자신을 살리고 자기의 가치를 높일 수 있는 것이다. 또 사회생활을 해도 예의가 있고 인사성이 바른 사람은 무엇을 해도 잘 해내고 그 무엇을 맡겨도 책임감 있게 일을 잘 처리할 것이다.

1차적인 코치로서 부모가 애써서 가르쳐야 된다. 유치원에서 배워도 집에서 부모가 모범이 되지 않으면 배운 것도 잊어버린다. 아이들은 반복이 중요하고 생활 속에서의 체험이 바로미터가 되기 때문이다. 사람으로서의 도리를 어릴 때 부모한테 제대로 배우지 못하면 앞으로 살아가는데 필요한 교양을 어디서 배운단 말인가? 성인이 되어서 배운다는 것도 부끄러운 일이고 너무 늦어버려서 그로 인해 주위의 피해만 주는 사람으로 성장해 있을 수도 있다.

내가 아는 지인의 이야기다. 부부가 아들 둘을 학원에 데려다주며 데려오고 열심히 학업 뒷바라지를 해서 서울의 알아주는 대학에 입학을 해서 큰아이는 변호사이고 작은아이는 취업 준비한다고 한다. 그런데 작은아이가 엄마한테 욕을 하고 함부로 한다는 것이다. 들어도 귀를 의심할 정도의 막말을 한다고 그 엄마가 너무 슬퍼하고 괴로워한다는 것이다. 어찌된 일일까? 어디서부터 잘못된 것인지… 무서운 일이지 않는가? 앞으로는 이런 사람들이 사회에 나오지 않도록 각 가정에서 부모들이 시간을 내고 공부를 해서라도 내 아이한테 마음을 다해서 사람으로서의 기본적인 도리를 알려주어야 할 것이다. 아무리 전교 일등이고 일류대학에 입학을 하면 뭐하나. 사람 간의 위아래를 모르는데 제대로 된 일을 처리할 수 있을지 의문이 먼저 든다.

요즘에는 인성보다 공부를 중심으로 성공만을 위해 부모가 교육에 집중하는 시대다. 과연 인간의 성공이란 무엇인가? 주변을 봐도 전문 직종을 가지고 돈을 많이 벌었다고 이야기하는 게 대세이다. 친구들 모임에 나가봐도 학창시절에는 공부를 잘했고 지금은 전문직에 종사하는 자녀를 둔 엄마들은 세상의 모든 성공을 다 이룬 것 같이 당당하다. 사실 축하할 일이다. 모든 사람이 힘들다는 공부를 전교권에서 하고 전문직 과정을 맞추었으니 대단히 훌륭한 건 맞다. 그리고 사실 전문직에 종사하는 사람들을 보면 멋진 인성과 사랑을 겸비한 사람들도 많다. 나는 살면서 그들과 대화하거나 볼 수 있는 기회가 많아서 어느 정도는 안다. 참

부모가 대견해할 만한 훌륭한 자녀이다. 그렇지만 모든 사람이 그렇게 성공하기가 쉽지 않다. 아주 극소수에 "공부가 가장 쉬웠어요."라고 생각하는 자녀들이 있다. 그 외에는 관심도 없고 다른 재능을 가진 자녀들이 있다. 모두에게 공부만 잘하라고 강요하면 부모와 사이만 안 좋아진다. 그 시간에 자녀를 잘 관찰하고 잘하는 쪽으로 지원해주는 것이 좋다. 자녀와 사이좋게 의논하면서 말이다. 의논하면서 자녀와의 유대감도 깊어지고 아이의 정서도 한결 따뜻하게 안정될 것이다. 사실 요즘에는 공부 잘해서 성공하기가 쉽지 않다. 공부 잘하는 아이들이 너무 많아졌다. 또 성공할 수 있는 길이 다양해짐에 따라 기본기만 갖추어 놓으면 어느 분야로 가든 모두 잘하는 모습을 보인다.

온 가족이 따뜻한 집밥을 만들어서 오늘 있었던 일을 이야기하며 오순도순 맛있게 식사하는 시간도 중요하고 할아버지 할머니하고의 생활에서도 아이들은 정서적으로 많은 도움을 받기도 한다. 바쁜 현대 생활이지만 결코 놓쳐서는 안 되는 아이 교육이다. 조기 교육으로 영어 공부나 영재 교육도 좋지만, 자기의 앞가림을 다 하고 다른 사람과 더불어 살아가는 일등 인간이 되는 것이다. 그 길목에 엄마 아빠가 등대 역할을 해줌으로써 아이가 멋지게 성장할 수 있을 것이다.

08

위탁 부모가 되어라

사랑하지만, 단호하게

결혼해서 임신을 하게 되면 나만 생각하며 살아온 나날들이 무색할 정도로 태아에 대한 애착이 생긴다. 세상에서 제일 예쁘고 좋은 것만 보고 먹고 싶어진다. 세상이 아름답게 느껴지고 미운 사람도 용서하게 된다. 모성애가 생긴다. 열 달 동안 뱃속에서 엄마의 영양분을 먹으며 자란다. 드디어 태아는 환한 세상 밖으로 서둘러 나올 준비를 한다. 자연이 이끄는 대로 우렁찬 울음소리로 나의 존재를 알린다. 한 인격체가 탄생하는 순간이다. 고통 중에 가장 큰 고통이라는 출산의 고통을 오직 아기 하나만 생각하며 참는다.

그렇게 태어난 아기는 세상 무엇과도 바꿀수 없다. 눈에 넣어도 아프지 않다는 말이 나오는 이유이다. 너무 신기하고 예쁘다. 손가락 발가락 하나하나가 신기하고 소중하다. 아기 얼굴이 광채가 나는 것 같다. 음식을 먹어도 무슨 맛인지 모르겠다. 잠을 자기가 아깝다. 이렇게 예쁜 아기가 또 어디 있으랴. 아기에게 세상에서 귀한 것은 다 주고 싶다. 꽁깍지가 제대로 씌워지는 순간이다. 아기가 옹알이라도 하면 천재인 것 같다. 뒤집기라도 하면 유도 선수가 될 것 같다. 엄마 소리라도 하면 귀를 의심하며 영재가 나왔다고 호들갑을 떤다.

요즘에는 출산율이 낮아서 통계청에 따르면 가임 여성 1명당 0.84명이라고 한다. 점점 아기 보기가 어려워지고 있다. 사랑하는 건 사랑하는 거고 교육은 제대로 해야 한다. 공공장소에서 떠들고 뛰어다니고 막무가내로 행동하는 모습도 아무런 제지도 안 하는 부모도 있다. 어른한테도 반말로 예의 없이 행동해도 아무 말도 하지 않는다. 갖고 싶은 물건이 있으면 떼쓰고 울면 사준다. 다른 아이가 들고 있던 것을 빼앗아도 아무 말이 없다. 식당에서 아이들이 울고 떠들까 봐 스마트폰을 준다. 스마트폰을 보는 동안에는 조용히 할 수 있기 때문이다. 집에서도 TV, 컴퓨터 게임기, 스마트폰 전자기기가 동원되어 아이 달래기용으로 쓰여지고 있다. 그러다 보면 하루종일 전자기기를 손에서 놓지 못한다. 건강에도 안 좋고 정서상에도 얼마나 나쁜 영향을 미칠지 걱정이 앞선다. 각종 매체에서는 폭력적이고 선정적인 장면들이 화면을 가득 메운다. 어려서부터 좋지 않은 환경에 노출될 수밖에 없다.

부부가 맞벌이를 하는 경우가 많다 보니 할머니나 베이비시터에게 맡겨지는 경우도 많아 부모가 직접 케어 하기는 힘들어진다. 어디서 배웠는지 못된 말도 서슴지 않고 한다. 아이를 사랑한다는 이유로 모든 것을 모른 척하고 다 받아주면 아이의 미래는 불투명하다. 아이를 사랑하는 만큼 그 이상으로 부모가 객관적인 시각으로 내 아이를 바라봐야 한다. 잠시 내가 맡아서 키워주는 마음으로 말이다.

공공장소에서의 기본적인 예절을 가르치고 다른 사람을 존중하고 배려하는 태도를 장소에 따라 지키는 것을 알려주어야 한다. 공공장소의 예절을 통해 사회적인 규칙을 배우게 된다. 만 3세부터 가능하다. 이 시기의 아이는 부모의 말을 어느 정도 알아들을 수 있고 빠르게 익힐 수 있다. 한 번만 하고 끝낼 일이 아니다. 매번 알려주고 반복해야 된다. 또 부부가 의논하여 스마트폰 기기의 사용을 자제하는 모습을 보일 필요가 있다. 심심하다고 부모가 스마트폰만 보고 있으면 아이는 당연히 하고 싶을 것이다.

아이는 부모의 거울이라는 말이 있다. 아이는 부모를 따라 한다는 것이다. 부모로서는 부담스러운 말이다. 엄마 꽃게가 옆으로 걸어가면서 아기 꽃게에게는 앞으로 걸으라고 하면 어떻게 되겠는가? 그래서 부모 노릇 하기가 어렵다는 것이다. 아이들은 보고 들은 대로 그대로 행동하기 때문이다.

아이가 자라는 순간순간 최선을 다하면 아이는 반드시 멋진 성인으로 성장할 것이다. 그때까지만 힘들어도 함께하면 좋을 것이다. 시간은 생각보다 빨리 간다. 그렇게 키워도 나중에는 내가 그때 이렇게 해줄 걸하며 후회도 많이 하게 된다. 아이한테 미안해하는 부모는 되지 말자. 이렇게 잘 자라주어 고맙다라고 얘기할 수 있는 부모가 되자.

#두부 한 모, 파 한 단의 힘

옛날 어른들 말에 귀할수록 함부로 키우라고 했다. 집안일도 나이에 맞추어 시키고 심부름도 시켜야 한다. 주방일도 남자아이, 여자아이 구분 없이 같이 해보며 요리가 어떻게 완성되는지 알려주자. 욕실 청소도 해보게 하자. 욕실 사용하면서 깨끗하게 사용할 것이다. 두부 한 모 파 한 단 정도는 사 오라고 시켜보자. 부모가 생각했던 것보다 잘 해낼 것이다. 잘 해냈으면 반드시 칭찬을 해주어야 한다. 칭찬을 받음으로 성취감이 두 배가 된다. 무엇보다 아이가 성취감을 느낌으로서 어떠한 일도 자신감 있게 할 수 있는 아이로 성장한다는 것이다. 이런 성취감이 하나둘 쌓이면 자존감 높은 아이로 성장한다. 자기를 사랑하고 남을 배려하는 그런 멋진 성인으로 말이다. 부모 입장에서는 자식이 잘 성장하고 행복했을 때 그것보다 더 좋은 성공은 없을 것이다. 주변에 보아도 자식들이 한 인격체로 잘 자라고 멋지게 사회생활 해내는 부모는 많이 행복해한다.

반면에 부모의 욕심으로 학교회장을 시키려고 강요를 한다. 또 아이는 공부에 별 관심도 없는데 이 학원 저 학원 하루 종일 학원만 다니게 한다. 결론은 아이가 마음의 상처를 입고 부모가 원하는 방향이 아닌 반대의 방향으로 가는 것을 많이 보았다. 부모가 원하는 방향으로 가는 아이가 몇이나 있을까? 학교에서도 적응 못 하고 하는 일마다 문제를 일으켜서 힘들어하는 모습을 종종 본다. 그 부모는 얼마나 괴롭겠는가? 다 자기가 잘못 키운 것만 같고 스스로를 자책하며 힘든 시간을 보낸다. 물론 자식은 내 마음대로 되지 않는다.

내 친구는 아이들 자랄 때 방학 때만 되면 공부 욕심이 많아서 학년에 맞지 않는 고학년 문제집을 서점에서 몇 권씩 사 온다. 그리고 아이들한테 오늘의 문제집 양을 정해주고 그 문제를 다 풀지 않으면 방에서 못 나오게 했었다. 나는 잠깐 그 모습을 보고 당황하고 놀랐었다. 친구의 공부 욕심에 놀라고 아이들이 그것을 따라준다는 것에 놀랐다. 아이들이야 하고 싶지 않았겠지만 엄마가 하라고 하니까 할 수밖에 없었을 것이다. 방학 때 수십 권씩 풀어낸 문제집 덕분에 아이들은 학교에서 성적도 잘 나왔었다. 그러던 어느 날 큰아이한테 문제가 생겼다. 아이가 이상했다. 스트레스를 너무 많이 받아서 성적은 물론이고 학교생활에서도 문제가 생겼다. 그 이후 친구는 공부보다 아이의 마음의 상처를 회복시키는 데 더 신경을 쓰고 있다. 워낙 똑똑한 아이니까 잘 이겨낼 것이라고 생각한다.

아이에게 너무 많은 사랑과 관심은 득보다 실이 많다. 적당하게 필요할 때 부족한 듯 주어야 한다. 넘치는 것이 부족한 것만 못할 때가 있다. 쉽진 않겠지만 사랑하는 아이를 객관적으로 남의 집 아이처럼 바라보는 눈이 필요하다. 그러면 냉정하고 합리적인 선택을 할 수 있다.

09

아이가 안전한지 항상 지켜보자

위험은 항상 가까이에 존재한다

엄마 뱃속에서 열 달을 채우고 세상에 태어난다. 우렁찬 울음소리로 아기의 존재를 알리고 고생한 엄마 품에 안겨 심장 소리를 듣는다. 손가락 열 개, 발가락 열 개, 반짝이는 눈, 오뚝한 코, 복스러운 입 모두 건강하게 태어났다. 자연 출산을 하면 2박 3일이면 퇴원을 하고 제왕절개 수술을 하면 5일 정도 후에 퇴원을 한다. 퇴원 후에 요즘에는 각자 개인의 사정에 따라 집이 아닌 산후조리원으로 엄마와 아기가 같이 입소한다. 엄마도 출산하느라 몸과 마음이 많이 힘들었으므로 회복을 위해 쉼을 갖고 아기와 적응하는 시기이기도 하다.

그 후에 집에 오면 친정 엄마 아니면 산모 도우미의 도움으로 나머지 회복 기간을 가지고 아기도 적응을 한다. 집에 오면 그 다음부터는 엄마 아빠는 아기를 시선에 담아두지 않으면 안 된다. 아기는 잠을 잘 때도 코로 숨을 잘 쉬는지 수시로 확인도 하고 자주 뒤척이면 무슨 불편한 건 없는지 살펴야 한다. 기저귀도 자주 갈아주지 않으면 배설물에 연약한 살이 짓무를 수가 있기 때문이다.

여름 같은 경우에는 밤에 우유 줄 때도 세심한 관리가 필요하다. 잠결에 상한 우유를 줄 수도 있기 때문이다. 태어난 지 얼마 안 된 아기에게 사고도 생각보다 많이 일어난다. 아기가 기어다니기라도 하면 집 안은 비상이다. 어찌나 힘이 좋고 빠른지 빠른 시간 안에 생각지도 못하는 곳까지 가 있다. 기쁘기도 하고 당황스럽기도 하다. 또 걷기 시작하면 집 안의 서랍이란 서랍은 다 열 수 있고 주방까지 다 섭렵한다. 뾰족한 도구들은 일찌감치 치워야 한다. 뜨거운 것도 조심해야 하고 신경 쓸 게 한두 가지가 아니다.

희선 씨는 12개월, 4살 된 딸 두 명을 키우고 있다. 전업주부로 육아에 전념 중이다. 두 아이들을 키우다 보니 항상 바쁘고 정신이 없다, 둘째 아이마저 걷기 시작하게 되면서부터 더욱더 바빠지기 시작했다. 둘째 아이가 걷기 시작하며 여기저기 집에 호기심을 가지고 시간만 나면 탐색 중이라 집 안의 위험할 수 있는 물건들은 남편이랑 시간을 내어서 어느 정도 치워놨다. 하지만 매일 생활을 해야 하기 때문에 물건들은 또다시 제자리에 있기 일쑤였다. 어느 날 둘째 아이 돌봐주고 있었고 큰아이는 작은 방에서 인형놀이를 하고 있었다. 그런데 그 순간 큰아이의 비명소리와 아이 울음소리가 들려서 뛰어가보니 거실에 선풍기를 틀어놨었는데 선풍기 선에 아이가 뛰어 오다가 걸려서 넘어져서 입술에서 피가 나면서 아이가 놀라서 울고 있었다. 희선 씨는 깜짝 놀라서 아이를 안아주고 입술을 자세히 살펴보았다. 다행히 앞니가 부러지거나 하진 않아서 가슴을 쓸어내렸다. 입술만 조금 깨져 있었다. 아이가 얼마나 놀랐는지 땀에 흠뻑 젖어 있었다. 또 그뿐만이 아니다. 둘째 아이는 집 안의 서랍이란 서랍은 신기한 듯이 다 열어본다. 약통이나 신기한 물건이 있으면 다 두드려본다. 희선 씨는 저녁이면 녹초가 되어 있다.

민아 씨는 3살 아들 아이를 키우고 있다. 민아 씨도 직장 생활을 해서 주말에만 시간이 나서 그동안 아들한테 집중하지 못한 것이 미안한 마음에 친구 아이들하고 가끔 토요일 날 집집마다 돌면서 놀게 해주고 엄마들도 그동안 밀렸던 이야기와 육아에 대한 정보도 공유하며 지낸다. 친구들은 4팀 정도 되고 아이들은 6명 정도 모인다. 민아 씨는 한 명이지만 두 명 있는 친구가 두 명이 있다. 민아 씨도 그날은 일찍 준비하고 친구 집으로 이동했다. 이미 친구 집에는 아이들이 이미 와서 놀이방이 되어 있었다. 엄마들도 각자 간식을 준비해와서 간식의 대한 이야기를 하느라 정신이 없었다. 이미 여러 번 만났었던 사이라서 아이들도 이미 친한 상태라 소리를 지르고 떠들썩했다. 각자가 가져온 간식을 준비하고 아이들하고 맛있게 먹고 아이들 손에 음식이 묻어서 각자 욕실에 가서 닦으라고 했다. 우르르 몰려갔다. "얘들아, 순서대로 닦아라." 엄마들은 한마디하고 엄마들끼리 수다에 여념이 없었다.

그 순간 욕실에서 비명 소리가 나고 아이 우는 소리가 났다. 엄마들은 소리가 나는 곳으로 일제히 달려갔다. 민아 씨 아들이 욕실 바닥에 누워 있었다. 서로 닦겠다고 키 높이 의자에 올라간 민아 씨 아들을 밀었던 것이다. 밀치면서 의자에서 떨어지면서 변기에 부딪친 것이다. 머릿속이

뻘겋게 보였다. 아이는 울고 있었고 다른 아이들도 놀라서 엄마들 눈치만 살피고 있었다. 민아 씨는 아들의 머리를 자세히 살폈다. 외관으로 봐서는 큰 문제가 없어 보이는데 아이가 놀라서 식은땀을 흘리며 계속 울고 있어서 일단을 안정을 시키기 위해 안아주었다. 그렇게 즐거움도 잠시 잠깐으로 끝나고 민아 씨 아들만 다쳐서 집에 오게 되었고 아들은 깊은 잠에 빠졌다. 그 뒤로 소아과 가서 진찰도 받았는데 약간의 타박상이라고 했다.

잠자는 중에도 부모의 오감은 아이를 향해

아이가 커가면서도 위험은 어디서나 존재한다. 작은아들이 5살쯤 되었던 것 같다. 하루 중에 오후가 되면 학교에서 아이들이 하교하고 놀이터에 모인다. 엄마들도 아기를 데리고 나와서 이런저런 이야기꽃을 피우는 시간대이다. 나도 큰아들과 작은아들을 데리고 놀이터에 나왔다. 아이들은 세발자전거를 타며 신나게 놀았다. 남자아이들은 에너지가 넘쳐서 여자아이들하고는 노는 것 자체가 달랐다. 온 얼굴이 땀으로 범벅이 되어 말처럼 뛰어다녔다. 거침없이 뛰어다니는 아이들이 잘 놀고 있는지 눈으로는 지켜보며 엄마들하고 아이들 키우는 이야기를 하고 있었다.

작은아들은 1층에 유모차 다니는 내리막길에서 자전거를 타는 것을 좋아했다. 내리막길이다 보니 자전거 타고 내려가는 속도가 아이를 흥분시키기에 충분한 매력이 있었다. 나는 작은아들이 유모차 길에서 자전거 탈 때는 항상 걱정이 되어 계속 지켜보곤 했었다. 속도감을 느끼며 타고 내려와 다시 자전거를 끌고 올라가서 신나게 내려온다. 땀을 뻘뻘 흘리며 지치지도 않는다. 조금 내리막길이라 걱정스럽긴 했지만 애들이 속도감을 느끼기 위해서 곧잘 유모차 길에서 놀곤 했었기 때문에 크게 거기서 놀지 말라고 하진 않았었다.

옆에 있던 아들 친구 엄마가 말을 시켜서 이야기를 하는 순간 아들의 외마디 비명소리가 들렸다. 나는 너무 놀라 아들에게 달려갔다. 자전거에서 아들이 튕겨 나와 바닥에 넘어져서 울고 있는 것이 아닌가? 순간 나는 뒤통수에서 식은땀이 흐르는 것을 느꼈다. 잘 타던 자전거가 핸들이 벽으로 부딪치면서 속도를 이기지 못하고 자전거가 넘어지면서 아들도 같이 넘어졌다. 순식간에 일어난 일이었다. 아이는 울고 있었고 입에서는 피가 났다. 나는 아들을 일단 안아주었다. 많이 놀랐을 것이다. 그리고 아들 얼굴을 자세히 보니 입술이 깨져 있었고 피가 많이 났다. 위의 앞이빨이 부러져 있었다. 하늘이 노란 것 같았다.

우는 아이를 끌어안고 치과로 달려갔다. 아이가 놀라지 않게 안심을 시키고 응급으로 치료를 받았다. 의사가 이가 부러져서 뿌리도 재생 가능성이 없다고 했다. 아, 나의 순간의 잘못으로 아들의 이가 뽑히다니 너무 내 자신이 원망스러웠다. 그래도 그나마 다행인 건 부러진 이가 유치라는 것에 위안을 삼고 가슴을 쓸어내렸었다. 그 뒤로 작은아들은 몇 년을 영구처럼 앞니가 없이 지냈었다. 성인이 된 지금은 새로 난 멋진 앞니를 드러내며 웃는다.

내가 첫아들을 낳고 아들이 몇 개월 안 되었을 때이다. 이제 겨우 혼자 앉아 있을 때였다. 주방일 보러 갈 때는 눕혀놓는다. 그런데 신기한 게 있다. 눕혀놔도 바로 뒤집고 일어나 앉아 있다. 마치 내가 지금 누워 있으면 안 된다는 듯이 말이다. 아들은 자연의 순리를 본능으로 따르고 있었다. 그런 와중에 큰 사건이 생겼었다. 그날도 주방에 밥 먹을 준비를 하려고 잠시 아들을 눕혀놓고 주방으로 간 사이 갑자기 쿵하는 소리와 같이 아들의 울음소리가 들려서 빛의 속도로 뛰어갔다. 어찌된 일인지 아들이 배란다 문지방에 머리가 눕혀져 있고 자지러지게 울고 있는 게 아닌가? 나는 아들의 뒤통수를 보았다. 머리가 없어서 금방 알 수 있었다. 아들의 뒤통수에 한문의 한일 자가 빨갛게 그어져 있었다.

언제 일어났었는지 앉아 있다가 흔들거리는 몸을 주체 못 해서 뒤로 넘어갔던 것이다. 꼭 수박이 깨지는 것 같았다. 나는 점점 불안한 마음이 엄습했고 아들 머릿속이 잘못되었으면 어떻게 하나 무서운 생각이 들었다. 바로 아들을 업고 병원으로 뛰었었다. 그날은 토요일이라 마침 남편이 오고 있었다. 남편은 괜찮을 것 같다고 했지만 내가 안심이 안 되어서 병원에 가서 검사해 달라고 의사를 졸라서 검사를 하고서야 안심할 수 있었다.

내가 어릴 때만 해도 부모들은 지금처럼 세심하게 아이들을 돌볼 수 있는 환경이 아니었다. 기본적으로 한 가구당 3, 4명의 아이들이 있었기 때문에 큰아이가 작은아이를 돌보기도 했었다. 엄마는 항상 바빴다. 그래서 그런지 아이들이 다치거나 예방 접종을 안 해서 소아마비 앓는 경우도 종종 있었다. 뜨거운 물에 데었다는 아이도 있었고 늘 아이들 많은 집은 시끌벅적했다. 우리 4남매는 다행히 상처 하나 없이 예쁘게 잘 키워주셨다. 그 또한 엄마한테 감사하게 느껴졌다. 4남매 키우면서 먹고 살기 어려웠을 환경에서도 어떤 상처도 없이 키워주신 것에 대단하다는 생각이 든다. 우리는 고작 두 명의 아이들을 키웠을 뿐인데 이빨도 부러뜨리고 그 외 소소한 사건들이 일어났었다.

아이들은 순식간에 일을 만들고 다친다. 부모가 안심할 수 있는 시간은 없다. 아이 키우는 동안에는 오감을 다 열어놓고 있어야 한다. 잠자는 순간에도 아이들에게 관심을 가져야 한다. 어릴수록 부모의 눈과 귀는 아이한테 가 있어야 한다. 그래도 몇 년만 수고스럽더라도 고생하면 조금 편해진다. 학교 들어가서도 안심할 수 없다. 친구들 관계는 어떤지 누구하고 친한지 어느 정도는 알고 있어야 한다. 학교생활을 잘하는 것이 공부 잘하는 것보다 훨씬 감사할 일이다. 공부는 잘하는데 친구 관계에 문제가 생겨 아이가 스트레스를 받는다면 그것도 바라볼 수밖에 없는 부모 입장에서는 굉장히 가슴이 아플 것이다.

배 속에서 열 달, 독립할 때까지 몸과 마음을 키워주고 사랑을 주었음에도 또 결혼했는데 잘살길 바라는 마음으로 부모의 가슴은 오늘도 편하지 않다. 부모가 되어봐야 부모 마음을 안다고 모두 그렇게 얘기를 한다. 맞다. 부모에게 사랑을 받은 만큼 또 내 자식에게 사랑을 주게 되어 있다. 부모에게 사랑을 받지 못한 사람은 사랑을 줄 줄도 모른다. 부모라면 아이가 성인이 될 때까지 위험으로부터 안전하게 예쁘게 건강하게 지켜낼 의무가 있다. 한시도 게으름을 부려선 안 되는 이유이다.

- 5장 -

슬기로운 부부로 사는 법

01

돈 관리는 함께하자

사는 건 다 비슷하다

결혼 전에는 직장 생활 하며 수입 관리를 혼자 하고 수입과 지출을 내 마음대로 해도 누가 뭐라고 하는 사람도 없고 여행가고 싶으면 여행가면 되었고 옷이나 필요한 소모품도 사면서 살았을 것이다. 요즘 MZ세대는 명품백이나 시계 같은 소모품도 필요하면 비싸더라도 구입하고 취미에 필요한 물품도 과감하게 많은 돈을 쓰기도 한다. 나 혼자만 생각하며 돈을 쓸 때와 결혼해서 가정을 꾸리며 생각하는 돈의 크기와 의미는 상당히 다를 것이다. 돈의 개념 자체가 다를 뿐만이 아니라 가족의 생존이 달린 문제가 되다 보니 체계적이고 계획성 있게 관리를 해야 한다. 혼자 살 때처럼 물건을 사고 싶고 여행가고 싶다는 생각을 원하는 대로 실천했다가는 정작 위급하게 돈이 필요할 때는 힘들어질 수도 있다.

부부가 경제 활동을 같이 하는 맞벌이 부부라면 수입이 두 배가 되니까 잘만 관리하면 경제적으로 여유 있는 삶을 살아갈 수 있을 것이다. 물론 장단점은 있을 것이다. 그런데 요즘 젊은 부부들은 자기가 번 수입은 각자 관리하는 경우가 많다고 한다. 각자 생활비를 생활비 통장에 넣고 생활하고 나머지는 각자가 알아서 쓴다는 것이다. 그 나머지 돈에 대해서는 각자 어디에 쓰는지 서로 간섭하지 않는다고 한다. 여성의 사회 진출이 보편화되어 있고 수입도 예전 부모 세대와는 확연히 다른 양상을 보이기 때문에 나타나는 현상일 것이다. 또 시대적인 개인주의 속에서 자라온 환경의 영향도 있을 것이다.

영훈 씨 부부는 결혼 6년 차이고 직장 생활을 같이한다. 지금 거주하고 있는 집은 결혼하고 2년 차에 대출금을 얻어서 산 집에서 살고 있다.

대출금이 나가고 있어서 부담스럽긴 해도 이사 다니지 않아서 마음은 편하게 지내고 있고 다행히 집값도 많이 올라서 주위의 부러움을 사고 있다. 두 부부가 각자의 수입으로 의논해서 정한 용돈 외에는 생활비 통장에 입금한다. 입금한 통장에서 조그만 적금과 펀드로 나가는 금액만 다른 통장에 입금하고 나머지는 대출금과 이자 그 외 공과금, 보험료, 육아 비용, 한 달 생활비를 사용한다.

결혼 초에는 한 달 나가는 돈이 일정하지 않고 예측하기도 어려웠었다. 양가 부모님들 용돈에 결혼한 지 얼마 안 되어 주변에 쓸 일이 많아서 정확하게 나가는 돈을 알 수 없었지만 아이도 낳고 어느 정도 생활을 하다 보니 정확하게 한 달 생활비와 용돈 등을 예측할 수 있었다. 지금은 양가 부모님 용돈은 명절이나 생일일 때만 드린다고 한다. 아이가 생기고 집 대출금과 이자가 버겁기 때문에 양가 부모님들이 극구 사양했다고 한다. 덕분에 적금을 작은 것 한 개 더 가입할 수 있게 되고 마음의 여유가 생겼다고 한다. 부부가 한 달에 한 번 정도는 재테크나 통장 결산을 하면서 의견을 주고받는다고 한다. 이 상태로 간다면 좀 더 빨리 대출금을 갚고 조금 더 넓은 평수로 이사 갈 수 있을 거라는 생각에서 부부는 기쁘게 일하고 있다.

지은 씨는 결혼 3년 차이고 같이 직장 생활을 한다. 지금 거주하는 집은 전세로 살고 있다. 남편은 성격이 털털하고 계산하는 것을 별로 좋아하지 않는다고 한다. 반면 지은 씨는 직장에서 회계 일을 하는 업무라서 계산하는 것에 크게 부담스럽지 않다 보니 자연스럽게 지은 씨가 통장 관리를 한다고 했다. 남편이 급여를 타면 용돈을 제외하고 지은 씨 통장으로 입금하면 지은 씨가 생활비며 보험료 적금 등등을 관리한다고 한다. 가끔씩 남편이랑 통장 관리에 있어서 큰 사항들은 의논하면서 지낸다고 한다. 아직 아이가 없기 때문에 부지런히 모아야 한다는 생각으로 씀씀이를 줄이고 있다. 결혼 전부터 청약 통장을 유지해온 남편 덕분에 몇 번 청약에 도전을 했지만 당첨이 안 되어서 될 때까지 괜찮은 단지가 있으면 넣어보려고 하고 있다. 밖에 외식을 줄이고 가능하면 집에서 간단하게라도 식사를 하려고 노력 중이다. 외식하면 비용이 많이 들기 때문이다. 친구들도 가끔 만나고 있다. 아이가 태어나기 전에 아파트 당첨을 목표로 부부가 열심히 아끼고 모으고 있다.

석훈 씨는 결혼 8년 차이고 작은 자영업을 하고 있다. 아내는 전업주부이다. 아이가 두 명 있어서 아이들을 돌보고 있다. 수입은 석훈 씨가 책임지고 있다. 요즘에는 고객이 예전 같지 않아서 직원 없이 석훈 씨 혼자서 하다가 바빠지면 아내가 가끔 나와서 도와준다고 한다. 석훈 씨가 직접 고객을 상대하다 보니까 수입을 석훈 씨가 관리하고 있다고 한다. 아내에게는 아이들 교육비와 생활비로 일정 금액을 입금하고 나머지는 석훈 씨가 가게 임대료며 공과금과 재료비 등을 지불하고 나머지는 적금과 보험료를 내고 있다.

집은 3년 전에 분양받아서 대출금과 이자를 내고 있다. 아내는 가끔 답답할 때가 있다고 한다. 결혼 생활이 어느 정도 시간이 흐르니까 석훈 씨와 돈에 대한 이야기를 많이 안 하게 된다면서 자세히 알고 싶은데 잘 모르겠다고 한다. 어떻게 보면 석훈 씨가 주는 돈으로 생활하고 신경 안 쓰니까 편하다고 했다. 쓰다가 부족하면 더 달라고 하면 주기 때문에 크게 극한 상황은 아니라고 한다. 결혼 초만 해도 장사가 그럭저럭 잘되어서 부담 없이 살았는데 요즘에는 팬데믹으로 점점 힘들어지고 있어서 생활비라도 아껴야 될 것 같다고 한다.

돈 관리는 함께하자

지금 이 시대는 자본주의의 꽃, 돈을 창출하고자 세계 모든 나라와 사람들이 노력하고 경쟁이 치열하다. 우리가 매일 새벽부터 지하철에 많은 사람들 속에서 출퇴근하는 것도, 시장의 상인들이 하나라도 더 판매하려고 애쓰고 노력하는 것도 돈을 벌기 위해서이다. 또 월급만으로는 큰 수입을 바랄 수 없기 때문에 주식이나 부동산 등 다른 재테크 열풍이 불기도 한다. 그 모든 수입은 우리의 생존은 물론 삶의 질을 좌지우지하고 또 때로는 무서운 질병으로부터 생명을 구할 수도 있다. 옛날에는 먹고살기만 해도 다행인 시대도 있었지만 지금의 시대는 먹고사는 문제를 뛰어넘어서 하고 싶은 것과 갖고 싶은 것의 욕구를 채울 수 있는 중요한 수단이 된 것이다. 물질만능주의가 탄생할 수밖에 없는 배경이다. 돈이 인생의 전부는 아니지만 돈은 사회적인 동물인 인간에겐 절대적으로 필요한 생존인 것이다.

결혼을 해서 부부가 힘들게 벌어온 돈을 관리를 잘못해서 낭비되거나 필요할 때 쓰지 못한다면 안타까울 수밖에 없다. 아이라도 태어나면 가족의 생존 수단인 돈에 대한 애정은 남달라진다. 돈은 보이지는 않지만 에너지가 있고 눈도 있다고 한다. 애정을 가지고 잘 다루어주었을 때 가족의 행복을 지키는 데 큰 도움이 될 것이다. 우리 결혼 생활할 때만 해도 전업주부로 아이들 키우고 살림만 하는 아내들이 많았고 남편들의 월급은 아내들이 관리하는 경우가 거의 대부분이었다. 아내들은 남편 월급을 쪼개가며 허리띠를 졸라매고 재테크에도 적극적으로 나서서 많은 부를 창출한 경우도 상당히 많았다. 그 시대 남편들은 열심히 가족을 위해 돈을 벌고 아내를 믿음으로서 신뢰가 바탕이 되었기 때문에 가능했을 것이다.

부부라는 것은 몸과 마음을 서로 공유하는 가운데 믿음과 신뢰가 쌓이는 것이다. 옛말에 부부는 한 침대에서 같이 잠을 자야지 정서적으로 서로의 믿음과 신뢰가 생긴다는 말이 있다. 불편하다고 각 방을 쓰거나 따로 자기 시작하면 시간이 갈수록 같이 자는 것은 더욱더 어려워진다. 배우자를 믿고 신뢰하는 것에서부터 자산의 규모는 작아질 수도 많아질 수도 있다. 내가 벌었으니까 내 마음대로 쓸거야! 너도 네 돈은 네가 마음대로 해! 라고 하면 결혼이라는 의미가 희미해진다. 곡식 창고가 두 개인 셈이다. 어느 순간 모래알을 손으로 잡는 것과 같은 결과가 나올 수 있는 대목이다.

별 것 아닌 것 같지만 배우자를 믿고 신뢰할 수 있다는 것은 나머지 인생에서 가장 큰 자산을 얻은 것이나 다름이 없다. 부부 사이에 일 순위가 되어야 하는 원칙 중의 원칙이다. 믿음과 신뢰는 자산을 관리하는 것뿐만 아니라 결혼 생활 모든 부분에서 꼭 있어야 하는 필수 덕목이다. 그것이 있으므로 해서 삶은 더욱더 풍요로워지고 윤택해진다.

돈도 마찬가지로 같이 벌어서 투명하게 공유하고 사용 내역대로 통장을 나누고 계획을 세움으로써 더 빨리 원하는 목표에 도달하게 될 것이다. 가족의 공동의 목표를 세우고 온 가족이 그 목표를 향해 노력하고 성취했을 때의 기쁨이야말로 어떠한 것으로도 대신할 수 없을 것이다. 그 길목에서 부부의 돈 관리는 중요할 수밖에 없을 것이다. 큰돈이 들어가는 내 집 마련도 해야 하며 가끔씩 여행도 가고 아이들의 육아 비용이나 교육비 등 가족이 생존하기 위해서 필요한 품목은 무궁무진하다. 의견을 내고 마음이 합쳐지면 낭비 없이 합리적인 소비를 하며 가족의 안전장치인 돈을 여유 있게 사용할 수 있을 것이다.

내 친구들을 봐도 그렇고 나의 경우도 남편의 수입으로 집도 장만하고 두 아들도 대학까지 잘 키워냈다. 부족함을 따지면 끝이 없지만 만족함을 느끼면 작더라도 넘치는 게 돈의 속성이고 넘치더라도 마음에 따라 부족하게 느낄 수도 있는 것이다. 수입이 적다고 짜증 내고 힘들어하면

돈은 내 곁에 오는 것을 꺼려한다. 내가 가진 게 조금 부족해도 항상 마음만은 넓고 여유롭게 가지고 생활하다 보면 언제부터인가 돈이 나에게로 다가옴을 느낄 것이다. 돈에도 눈이 있어서 밝고 따뜻한 사람에게 갈 것이기 때문이다. 이제부터라도 잇몸을 드러내며 영구처럼 웃어보자. 또 배우자를 믿고 신뢰하자.

02

공동의 목표를 정해라

배우자의 능력은 나의 자산

결혼 전에는 어떤 목표가 정해지면 부모님이나 친한 친구에게 의견도 물어보고 선택하는 데 도움을 받아 결정도 했었다. 잘한 선택이든 잘못된 선택이든 내가 다 책임지고 힘겨우면 부모님의 도움도 받아 해결할 수 있었지만 결혼하면 그 모든 부분을 나와 내 배우자가 선택하고 결정해야 한다. 작은 단체이기는 하지만 가정도 하나의 집단 형성의 기본이므로 회사를 하나 설립하는 거와 크게 다르지 않고 크고 작은 많은 일들이 살아가면서 생겼다 없어지기를 반복한다.

다행스럽게 혼자서 힘겹게 해결하는 것이 아닌 의견을 나누고 같이 고민을 해줄 수 있는 배우자가 있다는 사실이다. 그 대상이 있다는 것 자체가 너무도 다행이고 든든하기까지 하다. 나와 다른 생각과 능력을 가진 사람이 평생 같이 생활한다는 것은 내 능력이 두 배가 된다는 것은 물론이고 제갈공명같은 인재를 두는 것과 같다. 사람은 누구에게나 타인에게 없는 독창적인 능력이 있기 마련이다. 그 능력을 같이 공유하며 가정을 이끌어간다는 것은 대단한 자산이 되는 것이다. 그 자산을 잘 활용해서 더 큰 자산으로 키워가는 데 큰 힘이 될 것이다. 어떤 일에 있어서 같이 의견을 내고 선택한 것이기 때문에 시간이 지나서 잘못된 선택이어도 부부가 같이 결정했으므로 반성하고 서로 위로해주면 큰 위안이 된다.

나는 한약재나 건강에 관한 관심이 많다. 그래서 우리 집은 항상 한약재가 많고 건강 재료들이 많이 구비되어 있다. 차를 끓여 마셔도 일반 차가 아닌 한약재로 만든 나만의 차로 가족들을 위해 준비한다. 또 매일 먹는 밥도 그냥 밥이 아닌 한약재로 만든 밥을 먹는다. 반찬도 마찬가지다.

건강을 지킬 수 있는 책들을 보는 것을 좋아하고 실행하는 것을 좋아한다. 다행히 내가 주부라서 가족들을 위해 실행할 수 있는 부분이 많다 보니까 남편을 비롯해서 가족들이 내 손을 거쳐서 만든 음식을 먹고 건강하게 살아갈 수 있게 된다. 반면에 남편은 이런 것에 관심이 별로 없다. 남편은 세심한 편이라 정리 정돈을 잘한다. 또 어떤 물건이든 고장 난 것을 뚝딱 잘 고쳐낸다. 그래서 남편은 최고의 건강 코치를 두어 건강을 지킬수 있게 되고 나는 편하게 집 정리를 할 수 있게 되는 것이다. 얼마나 좋은가. 서로에게 없는 능력이 결혼하면서 배우자의 능력으로 나에게 도움이 되는 삶을 살아간다면 그보다 더 좋은 게 어디 있단 말인가?

사람마다 능력은 다재다능하다. 그 능력을 결혼이라는 제도로 살 수 있는 것이다. 결혼 전에 배우자 될 사람을 잘 눈여겨봐야 되는 이유이다. 지금 가지고 있는 물질적인 것에 국한되어서는 안 된다. 그 사람이 가지고 있는 숨은 능력을 찾아내는 해안을 가져야 될 것이다. 지금 당장의 그 사람의 환경이나 가진 물질만 본다면 그것들은 언제든지 사라질 수 있는 물방울과 같은 것이다. 물질보다 마음 편한 것을 선택한다면 그 사람의 인성을 주로 보면 평생 살아가는 데 마음앓이 하는 일은 남들보다 줄어들 것이다. 또 물질이 좋다고 하면 그 사람이 돈을 벌 수 있는 능력을 보면 되는 것이다. 자신에게 부족한 면을 서로 채워줄 수 있는 배우자를 만나면 그것이 최고의 결혼 생활이 될 것이다. 물론 사랑하는 마음이 일순위여야 한다는 전제 하에 말이다.

주현 씨는 주말이면 부부가 드라이브를 나간다. 경기도 외곽으로 카페 매물을 보러 다닌다. 주현 씨는 대학 때부터 시간제로 카페에서 일을 하고 있다. 주현 씨는 솜씨가 좋고 만들기를 좋아해서 쿠키나 빵도 잘 만들어낸다. 주현 씨 집에 가면 방 한 개는 주현 씨가 좋아하는 빵과 쿠키 등을 만들 수 있는 재료들로 가득하다. 또 카페에서 오래 일하다 보니까 카페 운영에 필요한 정보와 노하우를 잘 알고 있고 지금 일하는 카페도 사장이 주현 씨한테 거의 맡기다시피 믿고 의지한다고 한다. 남편은 직장생활을 한다.

주현 씨의 꿈은 주현 씨가 직접 카페를 창업하는 것이다. 결혼 전부터 그 꿈을 향해 지금까지 노력 중이다. 남편도 지원해주기로 약속해서 결혼한 지 2년이 되었지만 열심히 일도 하고 아껴서 약간의 돈도 모았다. 집은 전세로 거주 중이다. 남편 직장 가까운 데로 카페를 창업하는 것이 목표이다. 그런데 요즘 문제가 생겨 잠시 상황을 보는 중이다. 팬데믹으로 인해 상권이 좋지 않기 때문에 망설여지게 된다. 아직 급한 것은 아니니까 우선 일하면서 관망해볼 생각이다. 남편이 적극적으로 응원해주고 같이 알아봐주니까 점점 자신감이 생긴다고 한다.

또 내 친구도 하던 사업이 잘 안 되어서 경제적으로 많이 힘들어했고 아이들 어릴 때는 월세에서 월세로 전전긍긍하며 일이 년에 한 번씩 이사를 다녔었다. 이사한 지 얼마 안 된 것 같은데 또 이사한다고 짐을 꾸리는 모습을 여러 번 본 것 같다. 어렵게 살았지만 아이들 교육과 내 집 마련에 대한 열망은 부부가 놓지 않았다. 남편은 다니던 직장 생활을 성실하게 지속했고 아내를 믿고 응원해주었다. 아내는 재테크에 대한 공부와 공인중개사 자격증을 취득할 정도로 자산을 불릴 수 있는 능력이 탁월한 사람이었다. 그런 능력으로 시간이 날 때면 땅과 집을 구경하러 다녔다. 부부의 대화는 재테크에 대한 것이 전부였고 주말이면 드라이브 코스로 아파트를 보러 다녔다. 수많은 나날들이 힘들고 선택의 순간이 고통스러웠음에도 한 가지 소망만을 바라보고 가는 부부의 신념에 신은 보답을 했다. 그 결과 지금은 모든 사람이 부러워한다는 건물주가 되었다. 나는 누구보다 기뻐해주었고 마치 내가 건물주가 된 것 같이 기뻤다. 아이들도 다 잘되어서 행복한 나날들을 보내고 있다.

한곳만 바라보는 우리

요즘에는 신혼부부들이 가장 어렵고 힘들어하는 부분이 거주할 수 있는 주거 마련인 것 같다. 주거 비용도 너무 많이 올라서 직장 생활을 해서는 집을 살 수가 없다고 여기저기서 앓는 소리를 한다. 맞는 말이다. 돈의 가치가 많이 낮아졌고 물가는 계속 상승하고 있고 수입은 제자리걸음만 걷는다면 행복하게 살아가는 데 걸림돌이 될 수밖에 없다. 그렇다고 투덜거리고 방관하며 지낼 순 없다. 우리 삶에서 언제나 어려움은 있고 고비는 존재한다. 그 어려움과 고비를 한 단계씩 넘고 이겨냈을 때 삶의 성취와 희열을 느낄 수 있는 것이기 때문이다. 나에게 맞는 여건을 생각하고 배우자와 계획을 잘 세워 실행한다면 좋은 결과를 맞이할 수 있을 것이다. 요즘 젊은 부부들은 지혜롭고 똑똑하기 때문에 젊은 나이임에도 성공적인 삶을 살아가는 친구들을 많이 본다. 결혼 생활하면서 부부가 한곳만 바라보고 가면 반드시 원하는 결과를 얻을 수 있을 것이다.

지수 씨는 결혼하면서 양가 부모님들이 전세 얻을 수 있는 돈을 준비해주었다. 혼수는 최대한 아껴서 했고 전셋집을 얻지 않고 현재는 월세를 살고 있다. 월세 보증금을 어느 정도 내고 한 달에 부부가 낼 수 있는 저렴한 집을 얻었다. 두 사람이 사니까 방이 많이 필요치 않고 집도 넓지 않으니까 살림도 간단하게 준비해서 돈을 아낄 수 있었다. 신혼이니까 넓고 좋은 집이길 누구나 바라고 대부분 그렇게 한다. 하지만 지수 씨 부부는 아직 아이는 없고 부부가 조금 고생하면 된다고 생각해서 월세 집에서 생활 중이다. 대신 얼마 안 되지만 경기도권에 전세 끼고 조그만 아파트를 구입했다.

지수 씨도 직장 생활을 하니까 월세를 충당하면서 조금 불편해도 잘 지내고 있다. 친구들은 그렇게까지 해야 되냐며 얘기하는 친구들도 있었다고 한다. 부모가 사주어 넓은 평수에서 신혼을 시작한다면서 친구들 얘기를 한다고 한다. 최소한 편하게 전세로 시작하라고 주변에서 말이 많았다고 했다. 하지만 지수 씨 부부는 청약으로 아파트 마련하는 것도 언제 될지도 모르겠고 또 비싼 아파트를 언제 돈 모아서 구입할 지 기약이 없을 것 같아서 차선책으로 선택했다고 했다. 언제 그 집에 들어가서 살게 될지 모르지만 내 집이 있다는 것에 마음은 편하다고 한다. 또 집값도 많이 올라서 선택을 잘한 것 같아서 기분은 나쁘지 않다.

우리 부부의 지인도 아이들 어릴 때 집에 대한 고생을 많이 한 것으로 알고 있다. 남편은 안정된 직장 생활을 한다. 아내는 여러 가지 시간제 일을 하며 빌라에서 빌라로, 반지하로 옮겨 다니며 악착같이 돈을 모았고 그 돈으로 조금 더 비싼 집으로 옮기고 또 다행히 옮긴 아파트가 계속 가격이 올라주어서 돈을 벌 수가 있었다. 재테크에 대한 공부도 많이 하고 노력한 결과 지금은 70평대 아파트에서 산다. 그 노력을 우리는 알기에 눈물 나도록 축하해주었다. 요즘에는 너무 넓어서 가족 찾기가 어렵다고 애교 섞인 토로를 한다.

부부가 지혜를 동원하고 긍정적으로 삶을 바라보고 노력한다면 언제라도 원하는 목표를 이룰 수 있을 것이다. 지금 가진 것이 없고 아무리 계산해도 답이 안 나올 것 같지만 1 더하기 1은 2뿐만이 아니라 다른 숫자도 나온다는 것을 살다 보면 알게 될 날도 있을 것이다. 그래서 삶은 살맛이 나는 것이다. 오늘은 태풍 번개가 치고 너무 날씨가 안 좋아서 해가 뜰 것 같지 않지만 반드시 해는 뜬다. 부부가 목적이 같아야 가능한 일일 것이고 수입을 같이 모아 저축과 지출을 계획대로 나누고 마음이 맞아야 좋은 결과를 볼 수 있다. 한 사람은 아껴 쓰고 저축하느라 쇼핑도 제대로 안 하고 꼭 필요한 것만 사고 열심히 사는데 배우자는 취미 생활한다며 비싼 물건을 수시로 사들이거나 친구도 샀다며 비싼 명품백을 계획도 없이 사들인다면 서로 갈등만 생겨 목표에 도달하기 어려울 것이다.

부부는 일심동체라는 말이 있다. 결혼 생활을 오랜 세월 지속한 부부는 얼굴과 행동이 닮아간다. 아예 처음 결혼할 때부터 비슷하게 닮은 사람과 결혼하기도 한다. 천생연분이기 때문일까? 처음부터 닮은 사람이 눈에 띄었기 때문이다. 전혀 닮지 않은 사람끼리라도 수년간 같이 먹고 생활하다 보면 어느새 닮은 부부의 모습을 보게 된다. 안 맞는 부분은 서로 맞춰지기도 하고 노력도 하기 때문이다. 배우자 욕을 하고 싶어도 어느 순간에서는 함구할 수밖에 없는 순간이 오기도 한다. 그 모습이 곧 나의 모습 같기 때문이고 그만큼 배우자는 나의 모습을 거울에 비춘 것 같이 모든 것을 말해준다. 가족의 행복을 위해서는 함께 노력해야 원하는 그 무엇인가를 얻을 수 있을 것이다.

03

위급 상황 대비 보험 선택은 이렇게 하자

현대에는 위험 요소가 너무 많다

결혼 전 부모님이 들어준 보험이 많을 것이다. 부모님들도 친구나 아는 지인이 보험 일을 한다며 아는 사람이라 가입한 경우도 많이 있다. 한 사람 앞에 3, 4개의 보험은 기본적으로 가입되어 있을 확률이 높다. 보험이라는 것은 미래의 위험을 미리 예측해서 현재로 금액을 가져오는 것을 의미한다. 사람이란 한 치 앞의 미래를 알 수 없는 상태에서 현재를 살아가는 나약한 존재이다. 나이 들어서 아프면 그나마 다행이지만 요즘은 남녀노소 가리지 않고 병이 찾아오고 그 병들도 들어보지 못한 희귀한 병들도 많다. 젊은 나이에 암이나 고치지 못하는 질병에 걸려 고통스럽게 살아가고 있는 사람들을 종종 본다.

환경 오염으로 인해 공기의 질도 나빠지고 자본주의의 결과로 자연 파괴와 거기서 오는 오염된 대기 가스 등 점점 우리의 건강을 위협하고 있다. 경제적인 부분은 노력하고 아껴 쓰면 살아갈 수도 있을 것이다. 그런데 아프면 모든 것이 힘들어지고 주변 사람들도 안타까워하고 같이 고통스럽다. 또 질병뿐만이 아니라 예기치 않게 천재지변이나 사고도 많이 일어나서 힘든 삶을 살아가는 사람들도 많다. 요즘은 지진이나 태풍과 같은 자연재해가 생각보다 많이 일어나고 피해를 보는 사람들이 해마다 증가하고 있다. 늦가을쯤 되면 어김없이 태풍이 찾아와서 우리의 터전을 휩쓸고 간다. 날씨는 추워지는데 이재민들은 오고 갈 곳이 마땅치 않아 정부의 도움으로 겨우 임시로 잠자리와 식사를 제공 받는다. 하루아침에 터전을 잃은 사람들은 앞으로 살아갈 길이 막막하다. 또 길을 걷다가 날아오는 벽돌에 맞아 다치거나 입원할 일도, 직장에서 일하다 다치기도 하며 우리의 일상생활이 위험한 곳에 항상 노출되어 있다.

이런 경우를 대비해서 당당하게 경제적으로 도움을 받을 수 있는 것이 보험이다. 질병과 사고로 병원에 누워 있으면 경제적으로 큰 어려움이 생길 수 있다. 부모 형제에게 도움을 청하는 것도 한두 번이고 생활도 해야 하고 아이들도 키워야 한다면 참으로 보험이란 제도가 고마운 장치임에는 틀림이 없다. 하지만 무분별하게 학교 동창의 부탁으로 몇 개 가입하고 부모님 지인이기 때문에 가입하고 친척이라서 한두 개 가입하다 보면 한 달의 보험료로 얼마나 지출이 될지 걱정이 된다. 그리고 자세하게 점검해보면 가입 안 해도 되는 그런 필요 없는 보험들도 많이 존재한다. 괜히 쓸데없이 내 재산이 새어 나가고 있는 것이다. 그리고 결혼한 부부들 보면 젊으니까 이런 날이 나에게 올 것 같지도 않아 너무 먼 이야기같이 느껴져서 무시하는 경우도 생기며 또 과도하게 이것저것 가입해서 보험료에 허덕일 수도 있는 것이다. 사람마다 느끼는 것이 다르기 때문에 주변에 알아보고 검색해서 나에게 맞는 보험을 가입하는 것이 좋다.

내가 아는 지인도 40대인데 10년 전에 통합으로 실비 보험과 암 보험 몇 개 가입하고 계속 몸이 아파 허리 수술도 여러 번 하고 장 쪽도 안 좋아 점점 일하기도 힘든 상황에서 보험금을 받아 생활을 할 수 있었다. 보험이 없었다면 몇 백에서 천만 원에 가까운 수술비 때문에 힘들었을 수도 있었다. 또 반면에 몇 십년 냈는데도 건강해서 몇 번 받지도 못한 경우도 있다. 하지만 보험금을 안 받으면 고마운 생각이 들 것이다. 그만큼 건강하다는 뜻일 테니 말이다. 어쩔 수 없이 아플 때를 가정하면 경제적으로 큰 도움이 될 것이라고 생각하면 긍정적인 지출이 된다. 또 임신하면 태아 보험도 가입을 많이 하는데 임신 확인서만 있으면 바로 가입이 가능하다고 한다. 예쁜 아기가 배 속에 있을 때부터 보호를 받으니 든든할 것 같다. 우리 때는 태아 보험이 없었는데 말이다. 나의 경우도 예전에는 이것저것 몇 개의 보험에 가입한 적이 있었다. 다행히 가족 모두 큰 병 없이 건강해서 많은 보험금을 지급 받진 않았지만 요즘에는 우리 부부도 나이가 있다 보니까 소소하게 보험금을 탈 때도 생겼다. 그럴 때는 아프니까 기분은 좋지 않지만 내가 낸 보험료에서 보험금이 나오니까 그나마 위로가 되는 듯했다.

보험은 가족의 최소한의 방패

나는 족저근막염으로 거의 1년을 고생하고 있다. 한의원에도 가서 치료도 오랫동안 했었다. 하지만 크게 호전되지 않고 나날이 고통만 더욱 더 심해지고 있어 짜증이 많이 났었다. 그렇다고 그냥 방치하기에는 고통이 심해 어떤 방법을 써서라도 고치고 싶었다. 집과 가까운 정형외과를 방문했다. 정형외과 의사와의 대화 내용이다.

"중년의 여성들한테 족저근막염이 많이 옵니다. 원인은 다양하지만 젊을 때 힐을 많이 신었거나 걷는 방법이 잘못되어 발병하는 경우도 있습니다."

"그럼 치료 방법은 어떤 게 있나요? 고통이 너무 심하네요. 발을 딛을 수가 없어요."

"일단은 고통이 너무 심하면 염증을 없애주는 주사가 있습니다. 그 주사를 맞고 호전되면 몇 번 더 맞으면서 좋아지는 것을 볼 수 있구요. 체외충격파라는 것이 있는데 효과가 좋아요. 그 방법도 있습니다. 도수 치료도 해볼 수 있습니다. 다 해볼 수 있는 방법인데 치료비가 조금 비싸요. 실비 보험이 있으시면 보험의 도움을 받을 수 있습니다."

나는 체외충격파를 해보았다. 한 3분 정도 치료를 받는데 굉장히 찌릿하면서 고문 아닌 고통이 따른다. 나는 원래 아픈 것을 못 참는다. 굉장히 싫어한다. 그리고 가격도 비쌌다. 두 번 정도 해보고 도수 치료로 한다고 치료 방법을 바꾸었다. 도수 치료는 물리치료사가 여러 가지 방법으로 치료를 해주니까 해볼 만했다. 점점 호전도 되고 꽤 오랜 시간 치료를 했던 것 같다. 도수 치료도 가격이 비쌌다. 하지만 실비 보험으로 청구가 가능했고 치료를 계속할 수 있었다.

명현 씨는 여러 가지 사업 실패로 경제적으로 힘들게 살다 보니까 그동안 유지해온 보험을 하나씩 해약해서 생활비로 쓰면서 가족의 방패막인 실비 보험까지 해지하기에 이르렀다. 마음은 편하지 않았지만 계속 불입할 수 있는 경제적인 조건이 좋지 않았다. 거의 남아 있는 보험은 없었다. 경제적으로 힘들게 살다 보니 스트레스가 가중되어 아내는 곧잘 아파했다. 힘을 쓸 수가 없었고 그러다 보니 수시로 누워 있는 시간도 많아지고 무기력하게 지내는 시간이 계속되었다.

어느 날 너무 몸이 아파 병원에 가보았다. 의사로부터 청천벽력 같은 소리를 들었다. 난소암이 의심된다며 큰 병원으로 가보라고 했다. 큰 충격을 받았다. 서둘러서 대형 병원으로 갔지만 난소암이라고 했다. 종양이 있는데 사이즈는 크지 않지만 모양이 좋지 않다고 했다. 결국은 수술하기로 결론을 내고 수술을 했다. 건강도 문제였지만 병원비도 문제가 되었다. 웬만한 보험을 해지하고 마지막 보루인 실비 보험마저도 해지한 상태여서 앞날이 캄캄해졌다. 또다시 가입하기에도 이미 큰 병이 있는 상태여서 심사가 까다롭기 때문에 고민이 많아졌다. 해지한 것에 대한 후회도 많이 했다. 힘들어도 해약하지 않고 계속 유지했다면 지금 얼마나 큰 도움이 되었을지 속상하기만 하다.

젊을 때는 아플 거라는 생각을 못 한다. 보험료를 내는 것이 아깝기만 하다. 이 금액을 오지도 않은 병에 투자한다고 생각하면 요즘 2030 젊은 세대에게는 말도 안 되는 제도일 수도 있다. 그런데 요즘은 젊은 사람들도 많은 질병에 시달리고 있다. 환경이 안 좋아지고 식생활의 문제 등으로 젊은 사람들의 발병률도 높아지고 있는 추세이다. 2030세대임에도 고혈압, 당뇨, 고지혈증 진단 받은 사람들도 많다. 예전에는 5060세대의 전유물인 질병들이었다. 발병 나이가 낮아진 것이다. 대학 병원 같은 곳에 가보면 바로 알 수 있다. 질병으로 고통받는 사람들이 많다는 것을! 당장 보험금을 받자고 보험을 가입하는 게 아니다. 질병이 확진이 되면 보험 가입이 안 된다는 것이 두렵다는 것이다. 나를 포함해서 가족의 최소한의 방패는 만들어두길 바란다.

내가 병원비를 지불한 만큼 나오는 실비 보험은 추천할 만하다. 실비 보험도 없는 사람들을 보면 조마조마한 마음이 들고 실비 보험도 없는데 중간에 질병이라도 걸리게 되면 가입이 거절되기도 하며 가입하고 싶다고 가입할 수 있는 건 아니다. 또 예전에는 암에 걸리면 생존률이 낮은 경우가 많았는데 요즘은 의료 기술이 발달해서 생존률이 높고 일상생활을 하는 사람들을 많이 볼 수가 있다. 그래서 보험 회사에서는 암 진단금 상품을 많이 내놓고 있다. 진단금과 실비 보험금 받으면 어느 정도 치료는 할 수 있기 때문에 최소한의 보험 설계인 것이다. 실비 보험 안에서도 진단금을 추가로 가입할 수 있는 옵션이 있다.

이 시대에 보험이라는 좋은 장치를 우리 가족의 건강과 생활을 지키는 울타리로 지혜롭게 활용하면 좋을 것이다. 지금 나에게도 실비 보험이 있는 것이 얼마나 다행인지 감사하게 생각하고 있고 잘 활용하고 있다. 다른 사람이 우리 가족의 건강과 생명을 지켜주지 않는다. 매달 발생되는 수입 안에서 나에게 맞는 넘치지 않게 적절한 보험료로 우리 가족의 미래를 위해 준비하면 든든할 것이다.

04

기부와 봉사는 주변 사람부터 하자

살다 보면 어려울 때도 있지

세상을 살아가다 보면 사람마다 다르겠지만 어렵고 힘겹게 살아가는 사람들을 보면 도와주고 싶은 마음이 들 때가 있다. 내가 어릴 때는 겨울철만 돌아오면 학교에서 불우이웃 성금을 걷었었다. 금액은 각자 사정에 맞게 준비하라고 선생님이 말한다. 없는 사람은 조금만 준비하고 여유가 되는 사람은 여유롭게 말이다. 우리는 고사리손으로 동전을 내어놓았다.

그러면 기분이 좋았었던 기억이 난다. 또 어느 해는 쌀을 가져오라고도 했었다. 집 쌀독에서 나는 비닐봉지에 가득 담았었다. 학교에 가져가면 반 전체 아이들의 쌀이 부어져서 몇 십 키로가 된 것처럼 많은 양의 쌀이 모아졌다. 그리고는 학교 창고에 가져가면 어디선가 차가 와서 싣고 갔던 기억이 난다. 그 시대만 해도 밥을 굶는 가정이 많았던 것 같다.

또 나라에서는 쌀이 부족해서인지 학교에 도시락을 싸서 가져가면 보리랑 혼식을 해야만 했었다. 쌀밥만 가져가면 적발되어 이름이 적혀 점수가 깎이거나 남아서 청소를 해야만 했다. 그래서 점심시간이면 밥 먹는 건 둘째치고 보리 밥알을 아이들한테 얻으러 다니는 초유의 사태가 일어난다. 아침에 엄마가 보리 섞인 밥을 잊어버리고 안 하면 나는 마음이 두근두근했었다. 도시락 검사에서 걸리면 청소를 하든지 거기에 맞는 대가를 치러야 했기 때문이다. 점심시간이 되면 도시락 뚜껑을 열어놓고 기다리면 선생님이 다니시면서 보리쌀이 별로 없으면 일어서라고 한다. 내 앞에 왔을 때는 가슴이 콩알만 해진다. 아침 일찍 와서 친구한테 보리쌀을 빌려서 밥 위에 군데군데 포진시켜놓았었다. 다행히 무사히 넘어갔다. 가슴을 쓸어내렸다. 그런 일이 자주 발생했었다. 우리 엄마는 아주 옛날에 보리밥을 너무 많이 먹어서 보리밥을 아주 싫어하셨다. 하얀 쌀

밥을 좋아하셨고 도시락 검사를 자꾸 잊어버려서 나는 자주 친구들한테 보리쌀을 얻으러 다니는 신세가 되었었다.

다행히 우리 집은 쌀 걱정은 안 하고 살았던 것 같다. 우리 아버지는 항상 무슨 일이 있어도 세 가지 쌀, 연탄, 학교 등록금은 준비해주셨다. 그 덕분에 기본적인 삶은 살고 교육은 받았었다. 지금 와서 생각하면 감사할 일이다. 겨울철이 다가오면 창고에 연탄 수 백장이 배달되어지고 엄마는 그것을 바라보며 행복해하셨었다. 쌀도 몇 푸대가 배달되고 김장하려고 백여 포기의 배추가 트럭으로 집 앞에 도착한다. 겨울맞이 준비였다. 그렇게 김장을 한 것으로 우리 엄마는 겨울 내내 만두를 만들어서 우리들의 한 끼 식사로 대체했었다. 주변에 우리보다 더 어려운 집에는 가끔 누룽지도 나누어주었다.

내가 어릴 때만 해도 겨울은 유난히 추웠고 길었었다. 사정이 어려운 사람들에게는 겨울이 혹독하게 더 추울 수밖에 없었을 것이다. 그 어린 시절 쌀이 없어서 누룽지로 끼니를 챙기며 살아간 집들도 많았었다. 그 당시에는 너무 어렸기 때문에 그런 것이 보이지 않았었다. 그저 밖에 나가서 뛰어놀 일만 생각하느라 시간을 다 보내곤 했었다.

성인이 되어서 보니 우리나라에는 유난히 좋은 사람들이 많은 것 같다. 불우이웃 성금도 모금이 아주 잘되고 나누고 싶어하는 사람들이 많다는 것을 나라에 어려운 일이 닥칠 때 보면 어렵지 않게 느낄 수 있었다. 옛날에 금 모으기도 우리나라니까 가능했던 것이다. 태안 기름유출 사태도 그렇고 언제 어디서든 단결의 힘을 발휘하는 역사를 가진 민족답다. 하지만 요즘은 다들 먹고 살기 어렵고 나조차도 생존하기 힘들다고 난리이다. 팬데믹도 그렇고 나날이 자본주의 사회에서 나만의 기술과 지식으로 살아가는 것이 옛날처럼 쉽지 않다는 것이다. 우리 때만 해도 대학만 나와도 취업할 수 있는 곳이 많았고 대우도 좋았었다. 대학 졸업한 사람이 드물었기 때문이다. 그러나 지금은 어떠한가? 너도나도 대학 졸업장은 다 들고 있고 수요는 예전만큼 많지 않다는 것이다. 또 대학까지 나왔으니 힘든 일은 안 하고 싶다. 취업할 곳도 없고 기업들도 채용도 줄이고 있다. 생존하기가 너무 각박해졌다. 내 한 몸도 힘든데 가정을 꾸려서 가족을 책임지는 것이 부담으로 다가온다.

들판의 모기를 잡기보다 집안의 모기를 잡자

기부나 나눔은 남의 일처럼 느껴진다. 사실 어려운 일이다. 누구나 힘든 사람 보면 도와주고 싶은 마음은 가지고 있다. 실행에 옮기는 것은 더 어렵게 느껴진다. TV에서 보면 연예인들이 굶주림에 허덕이는 나라에 가서 어린아이들을 안아주며 안타까워하며 슬퍼한다. 사정을 들어보면 정말 말도 할 수 없을 만큼 가엾고 불쌍하다. 몇 만 원이면 한 달에 가까운 식량을 구할 수 있다고 한다. 어서 하루빨리 지구상의 식량난이 해소되어 최소한 굶주림에 허덕이는 일은 없었으면 좋겠다. 사실 기부나 나눔 봉사는 그렇게 거대하거나 거창할 필요는 없다. 능력이 되어서 크게 생각하고 크게 하면 좋겠지만 나 살기도 바쁘고 힘들다면 나 먼저 생존하는 것이 우선시되어야 하는 게 맞다. 나중에 조금의 능력이 된다면 그때 나눔을 해도 되고 조금의 마음의 여유가 생기면 주변을 돌아보면 된다. 작은 나눔이지만 육아용품 나눔이라든지 안 쓰는 물건을 나누어 주는 것도 좋은 방법이다. 요리를 잘하는 사람이면 음식을 넉넉히 해서 나눠 먹는 것도 좋고 종교단체에 기부하는 것도 한 방법일 것이다.

은지 씨는 결혼 전부터 빵집에서 근무하다 베이커리 학원을 다녀서 제과 제빵 기술을 습득했다. 남편은 베이커리 학원에서 같이 수강하면서 만나 결혼까지 이어졌다. 결혼 후에 부부는 열심히 카페와 빵집을 오가며 열심히 배웠다. 부부는 빵집 하나 내는 것이 목표가 되었다. 열심히 일해서 먹는 것 외에는 씀씀이를 줄이고 창업할 자금을 모았다. 아침부터 저녁까지 근무하는 것이 힘들었다. 빵 종류이다 보니 육체적으로 힘이 많이 들었다. 그래도 내 가게를 갖겠다는 목표로 부부는 힘들어도 희망을 가지고 하루하루 살아갔다.

어느 정도의 창업 자금이 마련되었지만 많이 부족했다. 더 기다리기에는 시간이 많이 필요했고 아이가 없을 때 창업하는 게 맞다고 생각해서 부부의 용기와 조금의 대출로 대신하여 창업을 결심했다. 창업한다고 하니까 부모님을 비롯해서 주변 친구들의 응원과 지원이 쏟아졌다. 너무 감사한 일이었다. 그렇게 시작한 빵집은 그럭저럭 장사가 잘되었다. 주변의 브랜드 빵집이 있어서 늘 경쟁 구도 속에서 조금의 게으름도 허락하지 않았고 계속 신메뉴를 개발해야 하는 과제도 있었다. 부부는 몸과 마음이 늘 피곤하고 힘들었지만 남의 가게에서 일할 때와는 다른 뿌듯한 마음이 가슴 한 켠에 존재했다.

사람들이 브랜드 빵을 선호하므로 부부는 늘 브랜드 빵을 사서 먹어보며 부부의 빵과 무엇이 다른지 늘 조사했고 사람들이 원하는 건강한 빵을 만들려고 노력했다. 밤새도록 밀가루와 씨름했고 건강한 재료를 구하러 여기저기 많이 돌아다녀야 했다. 그 결과 고객에게 건강하고 맛있고 소화가 잘되는 빵으로 입소문이 나기 시작했다. 장사는 잘되었고 수입도 좋아졌다. 빵은 저녁이면 웬만하면 다 팔리는데 안 팔리는 것은 모았다가 주변의 노인정의 어머니 같은 노인분들께 가져다 드리고 있다. 노인분들이라 소화력이 약하기 때문에 효모로 만들어진 은지 씨네 빵은 어르신들이 좋아해주었다. 점점 장사가 잘되자 저녁에 남는 빵이 없어지게 되자 부부는 한두 달에 한 번씩 일부러 어르신용 빵을 만들어서 가져다 드리곤 했다. 그렇게 하면 부부의 마음은 온몸에 따뜻한 기운이 감돌면서 혈액 순환이 잘되는 기분을 느낀다고 했다. 조금 더 안정을 찾으면 은지 씨는 아기를 가질 생각이다. 열심히 살고 있는 은지 씨 부부는 하루하루가 감사하다고 한다.

내 친구는 학습지 교사로 오랜 시간 일을 했었다. 이제는 아이들도 다 성장하고 시간이 남아 여유가 생겼다. 하지만 아직은 젊고 일할 수 있는 체력도 되었다. 여러 가지 일을 알아보던 중에 약간의 장애를 가진 분들을 도와주는 일을 하고 있다. 친구가 도움을 주는 분은 아직 결혼을 안 한 미혼 여성인데 시력이 많이 안 좋은 분이라고 했다. 누군가가 옆에서 도움을 주어야만 바깥 활동을 할 수 있는 시력을 가진 분이었다. 일주일에 세 번

네 시간씩 그분과 함께 동행을 한다. 공원으로 산책을 나가기도 하고 시내 구경도 함께하며 세상에서 일어나는 일들을 서로 이야기하며 하루를 잘 지내다 온다는 것이다. 그러면 기분이 좋고 뭔가 도움이 되는 사람인 것 같아 기쁘다고 했다. 물론 거기에 따르는 약간의 보수도 주어진다.

나의 사촌언니는 비혼주의라서 혼자 산다. 지금은 중년의 나이지만 그래도 이 나이까지 열심히 잘 살아왔다. 몇 년 전에 만났었는데 진짜로 옛날 어릴 때 모습 그대로여서 깜짝 놀랐었다. 하나도 안 늙었다. 어찌 이런 일이 있단 말인가? 마음도 그 옛날 10대 20대의 수줍고 조용한 성품의 마음 그대로였다. 언니는 강아지랑 같이 산다고 했다. 언니에게는 가족이자 친구인 셈이다. 하지만 나이가 너무 많이 먹어서 강아지가 여기저기 아프다는 것이다. 당뇨까지 찾아와서 실명이 되어 눈이 안 보인다고 했다. 언니가 잠깐의 외출도 하기 어렵다는 것이다.

"○○아! 나 아무데도 못 나가!"

"우리 ○○가 눈이 안 보여서 내가 잠깐이라도 없으면 안 돼!! 당뇨라서 계속 인슐린 주사 넣어줘야 해. 노환이라 가엾어 속상하고… 끝까지 내가 돌봐야지."

꼭 사람한테만 봉사라는 단어가 해당되는 것은 아닐 것이다. 지구에 우리 사람만 살진 않는다. 모든 생명체들이 어우러져서 저마다의 개성과 특징을 가지고 살아간다. 그중의 하나가 우리일 뿐이다. 어느 동물보다 특출날 것도 없다. 살아 있는 생명체는 매 한가지이기 때문이다. 사람 손이 반드시 필요한 동물도 있고, 사람의 손이 필요한 순간도 있을 것이다. 그런 점에서 언니는 봉사를 하고 있는 것이다. 그동안 강아지가 언니에게 기쁨과 행복을 안겨주었으니 이제는 언니가 사랑을 줄 차례이다.

또 한 친구는 시부모는 지방에, 친정 부모는 친구랑 가까이 살고 있다. 어느덧 중년이 되다 보니 우리 부모들도 어느새 연로하셔서 지병을 가지고 있거나 돌아가시거나 그런 일들이 심심치 않게 들린다. 친구의 시부모들도 너무 연로하셔서 생활하기도 어려워지자 친구 남편이 큰아들이라서 부모님을 가까이에 모시기로 했다. 친구 중심으로 오른쪽으로 고개를 돌리면 친정 부모님이, 왼쪽으로 고개를 돌리면 시부모님이 사신다. 친구 부부는 바쁘다. 부모님들 병원에 모시고 다니는 일이 비일비재하고 음식을 하면 많이 해서 양쪽 부모님들 가져다 드리기 바쁘고 하루가 바쁘게 지나간다고 한다. 그래도 다행인 건 큰 병 없이 네 분 모두 건강하다고 한다.

굳이 멀리 찾을 것 없이 내 가족, 내 친척, 내 친구, 선후배도 어렵게 살고 있는 사람이 있을 것이다. 그들의 어려운 소식을 들으면 능력되는 대로 도와주면 그것 또한 기부 나눔 봉사가 된다. 바쁘고 여유가 없다면 드넓은 들판의 모기를 잡는 것보다 내 집 안의 모기를 잡는 것이 더 현명할 때도 있다. 나에게도 나이 차이가 많이 나는 막냇동생과 친정아버지 한 분이 계시다. 홀로 사신다. 식사나 제대로 하시는지 걱정이 이만저만이 아니다. 연로하셔서 앞으로가 더 걱정이다.

지난 겨울에는 김장김치와 밑반찬 이것저것 조금씩 해서 갖다 드렸다. 막냇동생은 무김치를 좋아해서 무김치는 덤으로 갖다 주니 너무 좋아했었다. 항암 고추장도 마늘 넣고 만들어 같이 가져다 주었다. 그렇게 하니 겨울 내내 마음이 편했다. 친정 엄마가 계셨으면 엄마가 다 해주셨을 텐데 지금은 돌아가시고 안 계시니 큰딸, 큰언니인 내가 신경이 쓰인다. 나도 중년이 되니 몸과 마음이 약해지는 것을 느낀다. 여기저기 아픈 곳도 생기고 마음은 어려운 사람을 다 도와주고 싶지만 크게 생각하면 실행에 옮기기가 어려워진다. 내 형편과 현실에 맞게 작지만 나를 둘러싼 어려운 사람들과 같이 가는 것도 거창하지 않지만 함께 사는 방법일 것이다.

05

시댁과 처가, 적당한 거리 두기가 필요하다

독립된 부부로 살기

결혼하게 되면 또 다른 가족이 생긴다. 배우자의 부모 형제 친지가 새롭게 등장한다. 한 사람만 사랑했는데 그 사람 뒤에 많은 사람이 나를 맞이한다. 결혼하고 독립하기까지 낳고 키워주신 고마운 분들이다. 또 때로는 싸우면서 화해하고 의지하며 동고동락한 형제자매가 있다. 또 외가, 친가, 친인척도 존재한다. 얼굴 한 번 본 적 없는 사람에게 어머니 아버지라는 호칭으로 불러야 한다. 새롭게 등장한 많은 호칭에 당황스럽기까지 하다. 서로 어색하기 마련이다. 처음 결혼해서는 자기의 위치에서 서로에게 잘 보이려고 많은 노력을 한다. 며느리, 사위로서 시부모로서 장인, 장모로서 친근함을 표시한다.

어떤 사람들은 고부 사이에 엄마와 딸처럼 살자며 엄마라고 부르기까지 한다. 또 사위는 아들 같다며 이름을 부르기도 한다. 노력은 많이 하지만 시간이 흘러도 어색함과 거리감은 여전히 사라지지 않는다. 만날 때마다 마음에 없는 얘기도 해야 한다. 웃고 싶지 않아도 웃어야 하는 그런 사이가 배우자의 가족 관계일 것이다. 가족마다 개성이 다르기 때문에 항상 변수는 존재한다. 아기라도 태어나야 그때서야 약간 편한 관계가 된다. 하지만 많은 시간이 흘러도 역시 편하지 않다. 서로의 장단점을 감싸주고 사랑으로 본다면 큰 문제가 되진 않을 것이다. 내 자식이라면 내 부모라면 대수롭지 않게 넘어갈 일도 서로 단점으로 보이고 문제시하게 된다. 그럼으로서 선입견이 생기고 갈등을 겪게 되는 것이다. 내 주변에도 시댁과 인연을 끊고 사는 사람들이 몇몇 있다. 서로 과도하게 요구하고 강요했기 때문에 갈등이 커진 결과이다. 결혼이라는 이름 하에 그 위치와 역할을 강요하고 요구함으로서 빚어지는 비극이다.

미화 씨는 결혼 2년 차이고 부부가 직장 생활을 한다. 시댁에서 가까운 곳에 집을 얻었다. 남편 직장이랑 거리가 가까워서 출퇴근 편리성 때문에 고민 끝에 내린 결론이다. 아직 아이는 없고 직장만 열심히 다니고 있다. 그런데 요즘 고민이 생겼다. 시어머니 때문이다. 처음에는 미화 씨가 직장 다니니까 바빠서 집 안도 잘 못 치우고 잠자고 출근하기도 힘들어서 빨래며 청소며 치우지 못하고 있었는데 어느 날은 집에 오니까 시어머니가 청소도 깨끗이 해놓고 빨래도 하고 아들 좋아하는 밑반찬까지 만들어 놓고 기다리고 있었다. 남편은 엄마가 해준 반찬이라며 너무 좋아했다고 했다. 반면 미화 씨는 괜히 어머님 힘드시게 해드려서 미안하고 고마운 마음이 들었다고 했다.

그 뒤로도 자주 오셔서 집안일을 해주신다고 한다. 한두 번은 모르겠는데 매번 오셔서 살림해주시는 건 조금 부담스럽다고 한다. 뭔지 모르지만 미화 씨의 치부를 드러내는 것같다는 것이다. 침대 시트도 깨끗이 빨아놓으시고 집 안 구석구석 먼지 하나 없이 청소를 해주신다고 한다. 남편한테 부담스럽다고 하니까 남편은 편하게 생각하라고 한다. 어머니에게 이젠 그만해주셔도 된다고 얘기하고 싶은데 어머니가 서운하게 생각할까 봐 말을 아끼고 있다고 한다. 미화 씨의 고민만 깊어지고 있다.

영진 씨는 결혼 3년 차의 부부이고 직장 생활 하고 18개월 된 딸이 하나 있다. 아이가 태어나면서 육아 문제로 처가 가까이 이사를 했다. 장모님이 아이를 돌봐주기로 했기 때문이다. 처음에는 아이도 돌봐주시고 집안일도 해주시고 감사한 일이라고 생각했다. 아내도 친정 엄마니까 아이도 편하게 맡길 수 있다고 좋아해서 영진 씨도 좋게 생각하기로 했다. 그런데 시간이 갈수록 불편한 일들이 생기기 시작했다. 퇴근 무렵이면 피곤해서 쉬고 싶은데 집에 와서 저녁을 먹고 가라고 하고 부부의 사생활을 너무도 잘 알고 있는 장모님의 잔소리가 늘기 시작했다는 것이다. 처음에는 네네 하고 들었었는데 자주 듣다 보니 불편하고 기분이 좋지 않다고 한다. 그래서 자주 안 가고 싶고 피하게 된다는 것이다. 아이 때문에 멀리 이사를 가고 싶어도 가지도 못하고 불편한 마음만 커지고 있다.

이런저런 이유로 가까이 지낼 수밖에 없는 가족 관계도 존재한다. 같이 살거나 거리가 가까우면 부딪치는 일들이 많기 마련이다. 요즘에는 맞벌이 부부가 많아 시댁이나 친정 가까이에 사는 비율이 높다고 할 수 있다. 아이라도 생기면 육아를 부모에게 부탁하기 위해서이다. 시부모도 아이 보고 싶다고 자주 오고 간다. 음식을 만들어 갖다 주고 집에 와서 먹고 가라고도 한다. 이유는 많다. 부모들은 안쓰럽고 도와주고 싶다는 이유로 수시로 부부 생활의 일부분이 되려 한다. 하지만 며느리 입장에서는 그렇게 좋지만은 않다.

시부모의 잦은 등장은 오히려 부부 사이에 갈등의 요인이 될 수 있다. 어떤 시어머니는 카카오톡에 며느리 아들을 단톡으로 초대해서 수시로 연락한다. 본인 스스로는 신세대 어머니라고 자부하는 듯하다. 수시로 며느리에게 이것저것 부부 생활에 대해 물어본다고 한다. 아들은 이러지도 저러지도 못하고 카카오톡에서는 아무 말이 없다고 한다. 대면이 아닌 비대면에서도 힘들어지는 대목이다. 사위 입장도 마찬가지이다. 장모가 도와주는 건 고맙지만 사사건건 잔소리하고 참견하면 그것도 견디기 어려운 일일 수도 있다.

거리 두기가 필수이다

어디 이것뿐인가? 선을 넘는 시부모나 장인 장모가 하나둘이겠는가? 그런 사람들의 특징은 스스로를 신세대라며 자식을 위한다는 명목으로 자랑스러워한다는 것이다. 하나만 알고 둘은 모르는 혜안이 부족한 탓이다. 나이가 들면 자기중심적인 사고를 하고 누군가에게 의지하고 싶어진다. 그것이 자식이 되면 얼마나 피곤하겠는가? 자식은 결혼시킴으로서 손님이라고 생각해야 된다. 일반적인 손님은 어떠한가? 어쩌다 집에 오면 반갑고 기쁘다. 맛있는 음식도 대접하고 싶고 즐겁게 해주고 싶다. 또 갈 때는 어떠한가? 아쉽지만 다음에 만날 것을 기약하고 기쁘게 보내준다. 부모 자식 사이가 손님 같은 사이가 되어야 한다. 그런 부담 없는 사이가 될 때 오지 말라고 해도 궁금해서 걱정돼서 찾아가보게 되고 연락도 하게 되는 것이다.

또 서로에게 바람이 있어서는 안 된다. 긍정적이고 희망적인 바람은 좋다. 건강하길 바라고 행복해지길 바라는 마음이다. 자신이 하고 싶고 가지고 싶은 것은 욕구이다. 그런 바람은 서로에게 갈등만 초래한다. 내 욕구를 채우기 위해서 상대에게 강요하는 것이기 때문이다. 알아서 해주면 고맙고 안 해주어도 좋다는 마음을 가져야 한다. 예를 들면 시부모가 경제적으로 넉넉하지 못한데, 며느리 입장에서 출산을 했는데 몇 백만 원씩 하는 산후조리원 비용을 시부모가 해주길 바란다면 시부모가 못 해주었을 경우에는 원망이 시부모한테 이어 남편한테까지도 영향이 갈 것이기 때문이다. 또 시부모 입장에서도 며느리가 싹싹하게 빨리빨리 모든 것을 자기 마음에 들게 하길 원하고 아들을 잘 챙겨주길 바랄 것이다. 하지만 세상은 내가 원하는 대로 안 되는 경우도 많다. 특히 사람의 마음을 내 마음대로 조종하려고 하는 것이 가장 힘든 일일 것이다. 그 힘든 일을 세상에서 가장 사랑하는 부모 자식에게 원한다면 그것처럼 무모한 행동이 또 있을까?

며느리 사위 역할을 강요하고 대접받으려 하면 안 된다는 것이다. 시대가 많이 변했다. 주변에 보면 너무나도 소소한 일을 문제시 삼아 갈등으로 몰아가는 경우도 많다. 딸같이 생각한다면서 수시로 아들 집에 들린다. 잔소리 안 한다면서 지적하고 눈치 주고 정기적으로 용돈 받길 원한다. 생일날 명절 어버이날 은근히 봉투나 선물을 바란다. 이러면 곤란하다. 자식을 결혼시켰으면 내 가족이 아닌 것이다. 내 가족은 같이 살고 있는 배우자임을 잊지 말아야 한다. 자식한테 신경 쓸 여유가 있으면 배우자에게 신경 쓰길 바란다. 배우자는 몸과 마음이 어디가 어떻게 안 좋은지 관심도 없고 이미 내 곁을 떠나고 내가 필요치 않은 위치에 있는 자식에게 신경 쓰는 건 집착이다.

자식에게 관심을 가지면 가질수록 자식의 인생은 부모로 인해서 괴로움만 가중될 뿐이다. 이제는 며느리와 사위를 몸과 마음에서 해방시켜주자. 그냥 무심하게 놔두면 예쁘게 잘 살 수 있는 충분한 능력이 있는 그들이다. 무엇을 더 가르치고 지적을 한단 말인가? 나는 그들을 가르칠 충분한 능력이 있는 사람인가 말이다. 오히려 그들에게 배워야 할 것이다. 그들은 현명하고 똑똑하다. 또 멋진 인생을 살아갈 것이다. 그냥 강 건너에서 바라만 보면 된다. 건강하게 잘 살길 바라면서 말이다. 그것이 서로 행복해지는 비결이다.

결론적으로 시댁 처가와의 관계는 적당한 거리 두기이다. 너무 가까이도 멀리도 하지 말자. 서로 친해지려고 호칭까지 바꾸어가며 노력은 하지만 결론은 백년손님인 것이다. 시간이 지나면 어느 정도는 가까워질 수는 있어도 피를 나눈 내 부모 형제처럼은 될 수 없다는 것이다.

배우자의 가족과는 운동 경기로 말하면 마라톤이다. 갈 길이 끝없이 펼쳐져 있기 때문이다. 가다 보면 지치고 힘들 때도 있다. 처음부터 너무 잘하려고 하지 말자. 옛날 어른들 말에 열 번 잘하다가 한 번 잘못하면 나쁜 사람 소리 듣는다. 처음부터 나는 좋은 사람이 아니라고 마음속으로 생각하자. 합리적이지 않은 것을 요구해오면 과감하게 거절해야 한다. 거절할 때는 나쁜 사람일 수 있지만 나라는 사람을 멋지게 알리는 신호탄이 될 수 있다. 배우자와 양가 가족에 대한 의논을 하고 규칙을 정해 합리적으로 처신해야 할 것이다. 처음엔 섭섭하고 서운할 수도 있을 것이다. 하지만 그것이 정착이 되고 실행이 되면 당연한 것처럼 느껴진다. 서로 슬기롭게 지혜를 모아야 하는 순간이다. 그렇게 시간이 지나면 걱정이 앞선 안부를 묻게 되고 이웃사촌처럼 편안하게 느껴지기도 한다. 사람 관계는 적당한 거리 두기가 필수인 이유이다.

06

시댁은 아내가, 처가는 남편이 더 챙긴다

처가에는 남편이 잘하자

여자는 결혼하면 며느리가 된다. 하고 싶지 않아도 그냥 역할이 씌워진다. 사랑하는 사람이랑 산다는 이유에서이다. 옛날에는 며느리 시집살이가 상상을 초월할 정도였다고 한다. 시대를 잘못 타고나서 고달픈 삶을 살다간 우리 어머니들이었다. 그저 안타깝기만 하다. 그 어머니는 아이러니하게도 예전에 고달프게 시집살이 시켰던 시어머니 위치로 가 있다. 옛날에 시집살이 한 기억은 어디로 온데간데없고 새로 들어온 며느리가 부족하고 잔소리 대상이 된다. 당신이 그렇게 시집살이를 했으면 거기서 그만 끊어야 할 시집살이건만 어리석게도 계속 이어간다. 백년이 지나도 관습이 되어 여전히 고부 갈등으로 힘들어하는 사람들도 많다. 물론 좋은 시부모인 경우도 상당히 많다. 시대에 발맞추어 열린 마음을 가지고 며느리를 대하는 경우도 있다. 어찌 세상에 다 못된 사람만 있다고 얘기하겠는가? 그래도 며느리 입장에서는 편하지 않다. 이래도 저래도 불편한 것이 며느리 마음이다. 우리나라 부모들은 자식에 관한 사랑과 애착이 세계 최고라고 해도 과언이 아닐 만큼 자식에게 집중되어 있고 또 거기에 맞는 기대 또한 대단하다. 그런 부모들의 기대를 맞추려 한다는 것 자체가 불가능한 것이다. 또 그래야 할 이유도 없다.

그래도 다행인 건 시대가 변하고 핵가족화가 빠르게 진행됨에 따라 부모들의 생각도 변할 수밖에 없게 되었다. 자식에게 거는 기대가 많이 낮아지고 정보도 많이 듣고 하다 보니 스스로 내려놓는 부분이 많아졌다. 가장 큰 이유는 며느리나 사위가 그런 시집살이를 거부한다는 것이다. 요즘은 역으로 며느리 시집살이한다는 말까지 들리기도 한다. 또 시댁에는 부모님만 있는 것이 아닌 배우자의 형제자매가 있다. 그들과도 잘 지내야 한다. 시누이에 관한 속설은 옛날부터 유명하다. 때리는 시어머니 보다 말리는 시누이가 더 밉다고 한다. 시누이하고도 친하게 지내는 며느리들도 많다. 집집마다 처해 있는 상황과 사람의 인성과 식결되다 보니 다름이 존재한다.

남자는 결혼하면 사위가 된다. 아들 없는 처가라면 든든한 아들이 생겼다며 장인 장모가 좋아한다. 남자도 불편한 건 마찬가지이다. 남자라는 이유로 표현이 호탕하게 보일 뿐이다. 처음 보는 사람들한테 어머니 아버님이라는 호칭도 불편하고 술을 잘 못하는데 자꾸 술을 권하는 장인이라면 힘들 수도 있을 것이다. 또 형부, 매제가 생겼다며 이것저것 사고 싶은 것이 있다며 얘기하는 처제 처남이 존재할 수도 있을 것이다. 요즘에는 고부 갈등을 능가하는 장서 갈등도 많다고 한다. 장모 장인의 위치가 옛날 시대가 아니다. 딸을 잘 키워서 결혼시킴으로써 기대가 크기 때문이다. 이것저것 요구도 많아졌고 또 가족 행사도 적극적으로 참석하길 바란다. 이런저런 이유로 또 다른 부모들을 맞이해야 하는 이중고에는 아니라고 말하고 싶지 않다. 또 어찌보면 든든한 부모들이 생겼다고 생각해도 나쁘지 않다. 나의 경우는 나는 친정에서는 위로 오빠 하나에 딸 셋에 장녀이다. 당연히 남편은 큰사위가 된다. 남편은 본가에서는 막내

였지만 하루아침에 여동생 두 명이 생긴 셈이다. 눈치를 보아 하니 썩 나쁘지 않은 듯 늘 작은 어깨를 쫙 펴고 다녔던 것 같다. 동생들이 형부라고 부르기만 해도 입이 귀에 걸린 듯 너무 좋아했다. 또 동생들도 형부한테 잘했고 좋아했다. 친정아버지는 남편만 보면 술한 잔 하자며 자꾸 술을 권했고 술 좋아하는 남편은 싫지 않은 눈치였다. 친정 엄마는 우리 ○○아범이라며 입맛에 맞는 음식을 자주 해주셨고 고생한다며 다독여주셨다.

내가 남편한테 싫은 소리라도 하면 내 딸이 부족하다며 나를 혼내고 뭐라고 하셨다. 그러면 남편은 웃으면서 집에서는 잘해주니까 걱정하지 마시라고 하며 엄마의 어깨를 흔들면서 애교를 부렸다. 나는 눈썹이 한껏 올라가서 한편이 된 두 사람을 흘깃 쳐다보며 입을 삐죽거렸었다. 그렇게 시간이 흐르자 어느 날 가만히 보니 나한테 얘기도 안 하고 가끔씩 퇴근 후 친정에 들러서 엄마와 식사도 하고 놀다 오는 것 아닌가? 나보다 친정에 가는 것을 더 즐겼으며 엄마와 이런저런 세상 사는 이야기로 시간을 보내기도 했었다. 나는 '우리 엄마인데.'라며 질투가 나기도 했었다.

동생들도 형부라면 무조건 좋아했었다. 가끔 처제들과 동서들하고 술

자리도 가지고 우리는 그렇게 시간을 보냈었다. 동서들끼리도 너무나 사이가 좋았고 거리가 있어서 그런지 안 보면 그리움에 먼길도 마다하지 않고 가서 만났었다. 얼마 전에는 막냇동생이 자기는 이 세상에서 큰 형부가 제일 좋다며 고백을 했었다. 찐 팬이라고 말이다. 그렇게 좋은 사람하고 결혼한 언니가 너무 부럽다고 했다. 부모님과 동생들이 남편의 어떤 점을 좋아하는지 나는 안다. 그냥 좋은 사람이다.

모든 사람이 자기 엄마는 다 좋은 사람이라고 생각한다. 하지만 우리 엄마는 참 좋은 사람이었다. 늘 밝은 성격으로 재미있으셨고 자식에게 사랑을 다 내어주는 그런 분이었다. 자식이 네 명이지만 공평하게 사랑을 나누어주기도 했다. 음식 솜씨도 좋아서 사위 좋아하는 음식을 항상 해주었고 남편도 어머니가 해준 음식이 최고라며 맛깔스럽게 잘 먹었다. 나도 엄마 옆에만 있으면 큰 나무 그늘 밑에 시원한 바람이 부는 듯 스르르 잠이 오곤 했다. 또 우리 아이들을 참으로 예뻐해주었다. 우리 아이들 어린 시절에서 외할머니가 차지하는 비율이 너무 많았다. 아이들도 외할머니를 잘 따랐고 우리는 그렇게 많은 추억을 쌓아갔다. 나는 육아가 눈물이 날 만큼 힘들었어도 엄마한테 힘들다고 얘기한 적이 없었다. 엄마는 맛있는 것 먹으러 갈 때와 여행이나 놀러 갈 때만 항상 연락해서 같이 갔었다. 추억의 장소가 우리들에겐 많이 존재했었다.

지금은 그렇게 좋아하고 사랑한 엄마가 돌아가시고 안 계시다는 것이다. 엄마가 돌아가시고부터는 우리 가족의 삶이 많이 바뀌었다. 삶이 무의미해지고 쓸쓸하고 외롭다. 큰 기둥이 무너진 느낌이다. 아이들도 외할머니 얘기만 하면 아무런 말이 없다. 남편 또한 장모님 생각에 늘 그리워한다. 좋은 일이 있을 때는 어김없이 장모님이 계셨으면 얼마나 좋을까… 자주 얘기하며 눈가가 촉촉해진다. 가장 우리 곁에 오래 머물러 계셔야 할 엄마가 가장 빨리 가신 것에 엄마가 원망스럽기까지 하다.

"우리 ㅇ서방 어서 오게. 춥지?"

"네, 어머니. 별일 없으셨죠?"

"자네 온다고 해서 얼큰한 찌개 끓여놨네!! 어서 들어오게!!"

"어허, 맛있어요!!!"

"역시 어머님이 끓여주신 찌개는 최고예요!! 얼큰하네요!!!"

요즘에는 장서 갈등도 심하다는데 우리 엄마와 남편은 오랜 친구처럼 만나면 꿀이 뚝뚝 떨어졌었다. 대화 내용도 자세히 들어보면 별 내용도 없다. 그냥 일상적인 대화이다. 딸인 나를 얼마나 사랑하셨으면 사위를 그렇게까지 사랑해주셨을까?

시댁에는 며느리가 잘하면 된다

시댁의 경우는 남편은 막내다. 위로 형과 누나 한 명씩 있다. 시아버지는 내가 결혼하기 훨씬 전에 지병으로 돌아가셨다고 했다. 어머니 한 분이 계시다. 자식에게 아낌없이 헌신하는 옛날 어머니시다. 남편이 막내이다 보니 크게 바라는 것이 없었던 것 같았다. 처음부터 너희만 잘 살았으면 좋겠다고 말씀하셨다. 결혼 10년 차까지는 김장철만 되면 우리 집에 오셔서 그 작은 몸으로 김장을 해주고 가시곤 하셨다. 어머니 또한 손맛이 좋으셔서 하시는 것마다 맛있어서 나는 어머니 음식을 좋아했었다. 어머니도 내가 복스럽게 잘 먹는다며 좋아하셨다.

시누이가 직장생활을 하고 있어서 어머니는 형님네 아이들을 키워주셨고 살림 전체를 다 돌봐주셨다. 또 아주버니 아이들이 연년생으로 태어나서 큰아이를 키워주셨다. 이 집 저 집 몸이 많이 바쁘셨다. 곁에서 보면 안쓰러울 때가 많았다. 그 힘든 것을 힘들다 말씀도 안 하시고 다 해내셨다. 나는 나만이라도 어머니께 부담 드리진 말자고 생각해서 내 아이들과 살림은 힘들어도 내 손에서 해결했다. 나도 육아와 살림이 힘들어서 울면서 하기는 했지만 말이다. 효도가 특별한 것이 아닐 것이다. 내 일을 내가 할 수 있으면 그것으로 효도이다. 지금 우리도 자식을 키웠지만 자기 앞가림만 잘해도 마음이 편하지 않은가 말이다. 또 내 인생이니까 내가 하는 게 맞다고 생각했었다. 그래서 그런지 세월이 몇 십 년이 흘러도 어머니께 미안하거나 빚을 진 기분은 들진 않는다.

처음부터 너무 잘하려고 하고 좋은 사람으로 보이려고 하면 다음에는 지금 한 것보다 더 잘해야 좋은 사람 소리를 듣는다. 사람의 욕심은 끝이 없기 때문이다. 긴 시간을 배우자 가족하고 같이 가야 한다면 서서히 기본을 지키며 적당하게 거리 두기를 함으로써 관계가 급격하게 나빠지거나 다가올 수도 있는 갈등을 예방할 수 있을 것이다. 또 배우자와 부모와의 갈등이 생겼을 때는 각자의 집에 본인이 직접 갈등을 해결하는 게 도움이 많이 된다. 자기 부모니까 배우자보다 말하기도 더 편하고 받아들이는 부모 입장에서도 자식이 얘기하니까 오해 없이 해결이 잘되는 경우가 많다. 결국은 사람 속에서 지지고 볶는 삶이다. 사랑과 배려, 약간의 손해 본다는 생각으로 살아간다면 크게 문제될 것이 없다.

07

최소한의 가족 행사는 가능하면 참석하자

시대에 맞게 유물이 되길 바라며

결혼 전에는 부모님과 같이 생활했기 때문에 가족 행사라고 할 수 있는 것들이 크게 두드러지지 않았고 혹시 행사가 있더라도 강제성이 없었기 때문에 누구의 눈치도 볼 필요 없이 자유롭게 참석 여부를 정할 수 있었다. 부모님한테 잔소리 한번 들으면 끝날 일이다. 또 명절이나 부모님 생일 정도이니 크게 부담스럽게 생각해본 적도 없었을 것이다. 큰 스케줄이 없으면 친구들끼리 여행을 가기도 하고 집에서 맛있는 음식 먹으며 편히 쉬면서 지내면 그만이었다. 가끔 친척들 결혼식이 있으면 참석하여 전체 가족 사진에 나의 존재를 알려주면 되었고, 친척 중에 누가 돌아가신 분이 있으면 장례식에 참석하여 같이 슬퍼해주는 일이 전부였다. 하지만 결혼을 하게 되면 지금까지 하던 일이 두 배가 된다고 보면 된다. 배우자의 가족과 친척들이 있기 때문이다. 사람이 살아간다는 것은 다 비슷하기 때문에 그 배우자의 친인척도 생로병사 희로애락이 존재하기 때문이다. 그것 자체를 서로 존중해주어야 한다. 결혼을 하니까 종갓집 며느리라서 일 년에 제사를 몇십 번을 차렸다느니 사돈의 팔촌까지 행사가 줄을 이어서 고통이 많다느니 맏사위라서 처가의 모든 행사를 주관하고 참석해야 한다느니 한 번씩 심심찮게 들려오는 소리들이다. 혼자 있을 때는 아무런 기대를 안 하다가 결혼을 하면 각기 다른 역할을 강조하면서 역할에 충실하기를 강요하는 분위기가 된다. 부모 생일도 혼자 있을 때는 "축하해." 한마디만 해줘도 고마워했으면서 결혼을 하면 비싼 선물을 바라며 축하 파티까지 모든 것을 해주길 바라고 한 가지라도 빠뜨렸을 경우에는 서운해하며 두고두고 섭섭함을 내비친다.

명희 씨는 결혼 4년 차이고 부부가 직장 생활을 한다. 아직 아이는 없다고 한다. 시댁이 본가라서 시부모님 친척들이 명절 지내러 우르르 와서 아침 점심을 먹고 간다고 한다. 다행히 제사는 안 지낸다고 한다. 여자들은 음식 준비한다고 주방에서 왔다 갔다 바쁘고 설거지까지 하는데 남자들은 TV만 보거나 그동안 못 한 이야기들로 간식 먹으며 지낸다고 한다. 거의 16명 정도 식사 준비와 설거지까지 하고 나면 짜증이 머리끝까지 난다고 한다. 아침 한 끼도 아니고 점심까지 해주고 나면 친정에 가야 하는데 집으로 가서 쉬고 싶기만 하다고 하소연한다. 친정 갈 생각에 다시 힘을 내어 도착하면 언니와 동생은 시댁에서 아침만 먹고 나와서 이미 도착해 있고 세 자매 중에 명희 씨가 가장 늦게 도착한다고 속상해하고 있다. 매년 설날 추석 반복되는 스트레스에 점점 결혼에 대한 회의가 든다고 한다.

특히 명절 때는 아비규환이다. 그나마 거리가 가까우면 다행이지만 몇 시간 동안 차를 타야 되는 거리라면 이러지도 저러지도 못하는 상황이 올 수도 있다. 차도 막히고 차 안에서 아이들이 보채기라도 하면 난감하기 그지없다. 부모들은 늦게 온다고 애가 타고 차가 막힌다고 안타까워한다. 이런 명절 풍경은 해마다 매스컴을 통해 실시간 중계를 할 정도이고 몇십 년 동안 반복되어온 일이었다. 하지만 어느 해부터인가 지방에 있는 부모들이 자식들 있는 곳으로 명절을 쇠러 오는 풍경이 벌어졌다. 교통이 너무 많이 막히니까 반대로 오면 그나마 차가 덜 막히고 편하게 명절을 보낼 수 있다는 판단에서였다. 시대에 맞추어 사람들의 생각과 행동은 변한다. 명절 증후군이란 말도 탄생한다. 명절이 지난 후에 부부 갈등이 많아지고 이혼 위기까지 가는 사람들도 많아진다고 한다. 또 배우자의 가족과 급격하게 사이가 안 좋아져서 인연이 끊어지는 경우도 종종 본다. 서로 자기 입장만 고수하고 상대에게 역할을 강조하고 불합리하게 요구했기 때문이다.

할 수 있는 범위까지만 하자

서로 행복하게 살아보려고 결혼을 한다. 하지만 살다 보면 변수는 항상 존재하고 어제는 행복했지만 오늘은 불행할 만큼 괴로운 일도 다가온다. 어쩌면 그런 것이 우리 사람 사는 모습일 수도 있다. 또 사람 관계에서의 크고 작은 일들이 우연히 일어남에 따라 희로애락이 일어나고 거기에 내가 존재한다. 부부가 의논하여 각자 가족의 특성을 살펴서 가족에 맞는 최소한의 행사를 정하고 거기에 응당한 가치를 부여하고 경제적인 부분과 시간 할애 부분 등도 깊이 있게 이야기하는 시간을 가져서 갈등이 생기지 않도록 틀을 만들어야 좋은 관계가 유지된다. 예를 들면 양가 부모 생일에는 무엇을 어떻게 어디서 할 것인지, 금액은 얼마 한도로 정할 것인지, 친지 결혼식 참석과 축의금은 어느 친척까지 할 것인지, 명절 때는 어디부터 갈 것이고 몇 시간 소요할 것인지 서로 의논하여 결정하면 나중에 후한이 없다. 각자 자기 가족에게는 안 되는 건 안 된다고 단호히 얘기를 미리 해주면 상대 배우자가 가만히 있는데 나쁜 사람이 될 수도 있는 것을 막을 수 있다. 요즘 2030세대는 이렇게 많이 하는 것 같다. 어찌 보면 계산하고 각박한 느낌은 들지만 가정의 행복을 위해서는 할 수 있으면 하는 것도 나쁘지 않다.

(눈치 보며) "여보, 빨리 준비해야지!!! (가방을 싸며) 어머니, 저희 이제 가볼려구요!!"

"점심 먹고 가!! 조금 있으면 형님 오는데 얼굴 보구 가지…"

"엄마와 동생들이 기다려서 가봐야죠!"

나의 경우에는 설날이나 추석 명절에 시댁에 가면 전날 가서 하룻밤 자고 명절 당일날 아침 식사 하고 친정으로 가곤 했었다. 아침 식사 후에 항상 어머님은 말씀하신다. 조금 더 있다 가면 안 되냐고 조금 있으면 시누이 형님 오는데 보고 가면 안 되냐고 말이다. 해마다 설날 추석이면 포기도 안 하시고 반복하는 말이다. 나는 과감하게 안 된다고 얘기하고 친정으로 간다. 나에게도 내가 오기만을 오매불망 기다리는 부모님과 동생들이 있다. 하지만 어느 순간부터는 어머님이 포기하셨는지 말씀은 안 하시고 눈치만 보신다. 이제는 당연히 그런 줄 안다.

여자는 참 신기하다. 아내도 되었다가 올케도 되고 며느리도 되고 친정에 가면 시누이도 되었다가 나중에는 시어머니와 장모도 된다. 어디 여자뿐이랴. 남자도 아들도 되었다가 매부도 처남도 되고 사위와 형부도 되었다가 나중에는 시아버지와 장인도 된다. 카멜레온이다. 그래서 어느 역할에서도 나쁜 행동을 하고 상대에게 고통을 주어서는 안 되는 것이다. 곧 내가 그 역할을 할 차례가 다가오기 때문이다. 어차피 사람은 사회적인 동물이다. 생존을 목적으로 사회에 나가 조금 힘들고 불편해도 참아내며 해야 할 일이 있고 또 가정에서는 가족과 친척들하고도 불편하지만 천천히 다가가면서 친해지도록 노력하기도 한다. 축하할 일이 있으면 마음껏 축하해주고 슬퍼해야 일이 있으면 같이 슬퍼해주며 우리 인생을 살아가야 한다. 여기에 배우자 가족과 친척들을 포함시켜 조금은 현명하고 지혜롭게 그들과 같이 동행해보는 건 어떨까 한다.

에필로그

우리의 행복한 결혼 생활은 앞으로도 계속될 것이다

순간순간 가슴이 벅차고 설렘으로 살아가는 요즈음, 책을 쓰는 순간에도 지난날의 나의 모습을 되뇌이며 희로애락을 맛보았다. 과연 나에게 결혼이란 무엇이었을까? 젊은 날엔 손으로 잡으려 해도 잡히지 않고 눈으로 보려고 해도 보이지 않던 그 안개 속의 결혼이란 두 글자가 지천명을 지나니 환한 미소로 자기의 존재를 알려주었다. 때로는 고되고 앞이 보이지 않아 괴로운 순간도 또 너무 기뻐서 가슴이 터질 듯한 순간도 너무 화가 나서 내 자신을 자책했던 순간도 아무렇지도 않은 듯이 마치 그런 일이 나에게 있었느냐는 듯이 저 멀리에서 나를 향해 웃고 있는 것이 아닌가? 순간 당황했다. 나의 부재에서 내가 나임을 깨닫는 순간이었다.

나의 엄마도 할머니도 그렇게 시대에 맞추어 부정하지 않고 살아갔을 것이다. 나 또한 이 시대에 살아가고 있는 한 사람으로서의 몫을 해내고 있는 중이다. 내가 아무리 잘나고 성공했을지라도 우리는 역사의 뒤안길로 사라지는 자연의 법칙 속에 살고 있다. 그 속에 결혼 생활이 한자리를 차지하고 있다. 아니 어쩌면 인생의 3분의 2를 차지할 수도 있겠다. 어차피 내가 좋아서 선택한 길이라면 꽃길로 만들어보는 건 어떨까? 긍정의 힘으로 말이다.

결혼을 해도 안 해도 희로애락은 존재하는 법이다. 혼자 살면 고생 안 하고 기쁨만 존재할 것 같은 희망을 상상한다. 하지만 우리네 인생이 그렇게 호락호락하지 않다는 것은 고개만 살짝 돌려도 어디에서든 볼 수 있다. 혼자 살아도 결혼해서 고생한 것만큼 한다. 나는 가끔 빨갛게 잘 익은 토마토를 산다. 자연에서 햇빛과 시원한 공기로 숙성된 토마토는 식감부터가 다르다. 인공적으로 숙성시킨 토마토는 맛이 없다. 사람의 삶도 나이에 맞추어 성장하고 자연의 법칙으로 돌아가는 것이 아름답다. 지금 이 순간 결혼하고 싶은데 두렵고 고민인 사람들이 있다면 과감하게 결혼이 선택이 아닌 필수가 되어보면 어떨까? 한다.

아들들이 수능을 보고 나서야 나를 볼 수 있었다. 이제는 내가 할 일은 다한 것 같은 무거운 책임감에서 조금이나마 해방된 느낌을 받았었다. 갑자기 마주친 자유로움에서 당황하기도 했었다. 그동안 아내이고 엄마였는데 이젠 그만해도 된다고 한다. 나는 다시 서미숙이란 이름으로 돌아올 수밖에 없었다. 그래도 그동안 잘해냈잖아. 나를 다독이며 새로운 내 인생을 꿈꾸기 시작했다. 나는 박사도 교수도 아니다. 잘 못 쓰는 글이지만 내 속에 곧 화산처럼 폭발할 것 같은 그 무엇인가를 글 속에서 녹여내니 마음이 이내 평온해졌다. 글쓰는 동안 어느 날은 정지된 자세로 몇 시간 째 글을 쓰니 무릎이 아프기 시작했다. 파스를 세 개나 붙였다. 또 어느 날은 3일 동안 앓아 누웠었다. 그렇게 썼지만 다시 읽어보니 부족한 것 같다. 도움이 될 만한 내용만 참고 삼았으면 좋겠다.

요즘은 백세 시대라고 한다. 말은 그렇지만 건강하게 백세까지 사는 사람은 드문 것이 현실이다. 남은 인생이 얼마나 남았을지는 몰라도 앞으로 남편과 나만을 위한 삶을 살 것이다. 희로애락을 같이 해온 항상 나를 사랑해주고 믿어준 사람이다. 나의 영원한 동반자이고 친구이고 나의 보호자이다. 젊은 날의 결혼 생활보다 긴 시간이 흘렀음에도 지금의 결혼 생활이 더욱더 좋다고 하면 반칙일까? 눈빛만 봐도 서로가 무엇을 원하는지 아는 편안함과 서로를 배려하는 생활 속에서 그저 미소만 지어지는 것도 반칙이겠지만, 어떠한 밤도 새벽을 막을 수 없듯이 우리의 행복한 결혼 생활은 앞으로도 계속될 것이다. 또 엄마 아빠를 하늘 삼아 멋지게 청년이 된 재현이, 재웅이에게도 너무 고맙고 사랑한다고 말하고 싶다. 당연히 남편한테도 사랑한다고 말하고 싶다. "여보, 사랑합니다."